中国植物营养与肥料学会30年

中国植物营养与肥料学会　编

科学出版社

北　京

内 容 简 介

本书全面介绍了中国植物营养与肥料学会自1982年组建至2012年第八届全国会员代表大会的30年发展历程，同时还介绍了1978~1982年中国植物营养与肥料学会的筹建经历。全书分四大部分，第一部分介绍了中国植物营养与肥料学会的发展过程中的大事记；第二部分介绍了中国植物营养与肥料学会30年中历届理事会的组成情况；第三部分发表了一些学会老同志的回顾文章及对学会未来的展望；第四部分是学会30年发展中历届学会理事长、副理事长、名誉理事长、秘书长和学术顾问的简介。

本书用于中国植物营养与肥料学会学员学习资料，也可作为研究学会历史和研究我国植物营养与肥料发展历程有关人员的参考资料。

图书在版编目（CIP）数据

历程：中国植物营养与肥料学会30年/中国植物营养与肥料学会编. —北京：科学出版社，2016.11

ISBN 978-7-03-050738-9

Ⅰ.①历… Ⅱ.①中… Ⅲ.①肥料学－学会－概况－中国 Ⅳ.①S14-262

中国版本图书馆CIP数据核字（2016）第273299号

责任编辑：李 迪 / 责任校对：张怡君
责任印制：肖 兴 / 封面设计：北京图阅盛世文化传媒有限公司

科学出版社出版
北京东黄城根北街16号
邮政编码：100717
http: //www. sciencep. com

中国科学院印刷厂印刷

科学出版社发行 各地新华书店经销

*

2016年11月第 一 版 开本：787×1092 1/16
2016年11月第一次印刷 印张：14
字数：330 000

定价：210.00元

（如有印装质量问题，我社负责调换）

编辑委员会

Preface

前言

中国植物营养与肥料学会从诞生至今已走过了30多年的历程，为中国的植物营养与肥料事业做出了巨大贡献。一代植物营养与肥料人为学会的成长献出了毕生的精力，他们的身影正在远去，但是他们为中国植物营养与肥料学会的发展所做出的贡献将永远被铭记在学会发展的历史长河中。

为了继承和发展植物营养与肥料学科，2013年中国植物营养与肥料学会决定整理出版《历程——中国植物营养与肥料学会30年》一书，将学会30年的发展历程展示给我们每一位植物营养与肥料人，让我们铭记每一位为中国植物营养与肥料学会发展曾经做出贡献的人，记住中国植物营养与肥料学会30年发展历程中的每一件大事，以激励我们为中国植物营养与肥料学会的发扬光大做出更多的贡献。

本书分为四部分，第一部分是学会的发展历程，由黄鸿翔研究员整理，将学会的发展分为三个阶段，即学会筹备阶段、中国农学会土壤肥料研究会阶段和中国植物营养与肥料学会阶段。第二部分为学会历届理事会的组成，主要包括名誉理事长、理事长、副理事长、秘书长、常务理事和理事，由李家康研究员收集整理。第三部分为学会部分人员的访谈，主要由学会办公室张景丽、宋楠楠和宋震震完成。第四部分为学会人物简介，主要收集了自学会成立以来，担任过学会理事长、副理事长、学术顾问和秘书长职务人员的介绍，由林葆研究员收集整理。

在本书编写过程中，得到了学会老一辈学者的大力协助，农业部原农业司副司长，中国植物营养与肥料学会第一至第七届理事张世贤同志为本书题写了书名。在此对参与本书编写的同志表示最诚挚的敬意与感谢！也对参与本书编辑的工作人员表示感谢。由于作者水平有限，书中难免有许多不妥之处，恳请读者斧正！

中国植物营养与肥料学会第八届理事会

理事长

2015 年 5 月

Contents

目录

第一部分　中国植物营养与肥料学会发展历程

第二部分　学会历届理事会组成

第三部分　回顾与建言

第四部分　学会人物简介

第一部分

中国植物营养与肥料学会发展历程

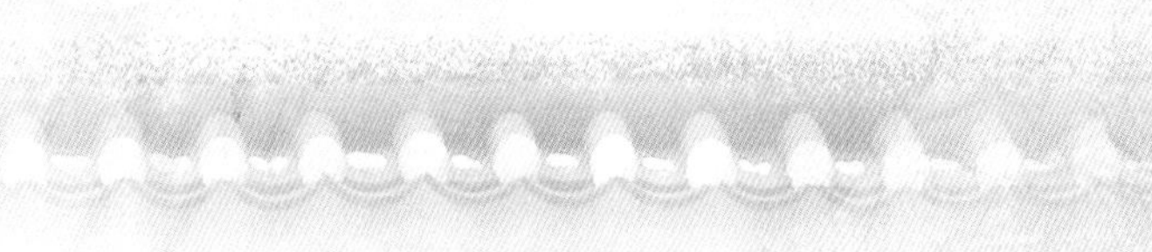

一、奠　　基

「学会筹备阶段，1978 ~ 1981」

1978 年 8 月在邯郸召开的“全国土壤肥料工作会议”上，140 名土壤肥料工作者联名向中国农学会提出建议，建议书指出（图 1），中国农学会是综合性的学术团体，下设有作物、园艺、植保、畜牧兽医、蚕、茶、热带作物、农业现代化、原子能、棉花、养蜂、草业、农业工程、农业经济、土地、沼气、农业气象、农业环保等众多分科学会或研究会，唯独没有土壤肥料方面的分支，而在历史上，中国农学会的前身，即 1917 年成立的中华农学会曾于 1934 年设立土肥学组，新中国成立以后的中国农学会也曾在 1958 年设立过土肥学组。因此，大家希望中国农学会及早成立农业土壤肥料学会。

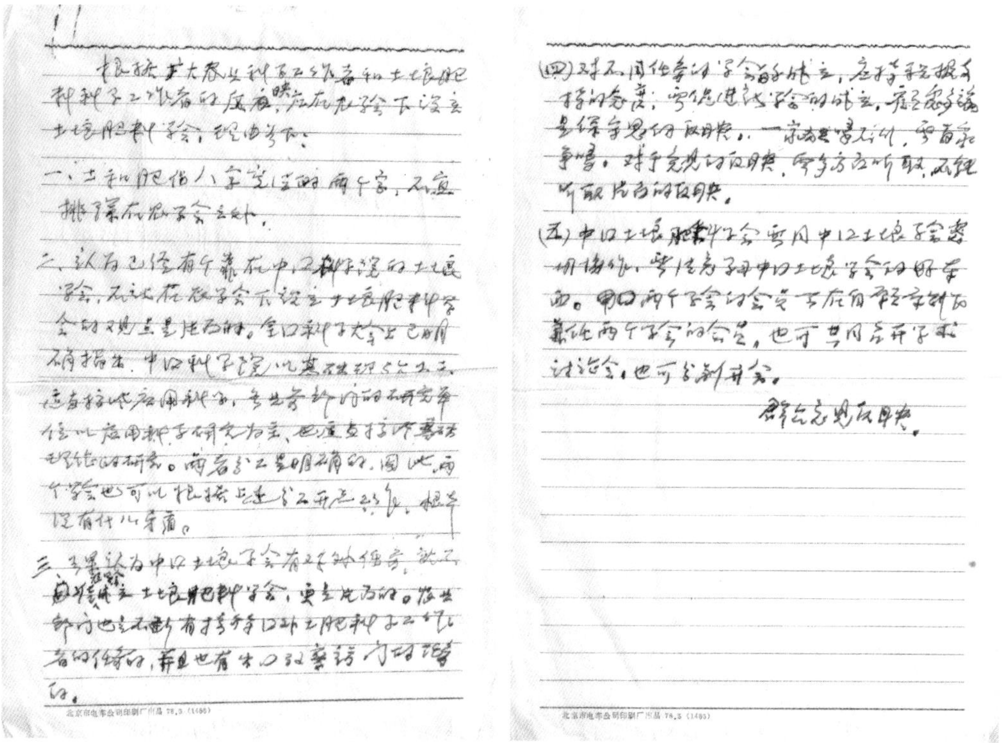

图 1　与会学者给中国农学会的建议书稿原件

中国农学会收到建议书以后，召开了两次常务理事会进行讨论，最后决定成立中国农业土壤肥料学会，作为中国农学会的分科学会。这个决定得到了中国土壤学会和中国科学院南京土壤研究所领导同志的赞同，中国土壤学会理事长李庆逵对中国农学会理事长杨显东明确表示，支持在中国农学会下成立土壤肥料学会，中国科学院南京土壤研究所党委也支持这个意见。

1979 年 6 月 16 日，中国农学会发出（79）农业（农学）字第 38 号文《召开中国农业土壤肥料学会筹委会的通知》。6 月 26 ～ 29 日，来自陕西、江苏、北京、河北、吉林、四川、湖北、广东的科研机构和大专院校的土壤肥料专家和领导共 16 人根据中国农学会的要求会聚北京，召开了中国农业土壤肥料学会筹委会第一次会议，中国农学会副理事长张心一到会讲话，会议通过讨论，通过了如下事项：一是中国农业土壤肥料学会的任务主要是研究贯彻农业八字宪法中“土”与“肥”两个内容，侧重土壤肥料的应用技术，有计划地组织土壤普查、土壤改良、农田基本建设、保持水土、土壤耕作管理、合理施肥、栽培利用绿肥和有机肥、微生物肥料等方面的学术活动。因此，这个学会与侧重基础理论研究的中国土壤学会并不重复，根据学术活动的具体内容，两个学会可以共同组织也可以单独活动，团结合作，共同促进学科发展。关于农业土壤，国内外早有明确的概念，故筹委会建议，将拟成立的学会定名为“中国农业土壤与肥料学会”，英文名为“Agropedology and Manure Society of China”；二是会议讨论、修改并通过了“中国农业土壤与肥料学会章程（草案)”，拟提交第一次代表大会讨论通过；三是研究了第一次代表大会的代表产生办法；四是会议决定成立第一次代表大会筹备组，并选举高惠民为筹备组组长；五是会议初步酝酿了第一届理事会的组成。建议设理事长 1 人，副理事长 2 ～ 3 人，秘书长 1 人，副秘书长 1 ～ 2 人，常务理事 15 人，理事 50 ～ 60 人。

1981 年 8 月 10 ～ 16 日，根据中国农学会的安排，在河北昌黎召开了第二次筹委会会议，中国农学会副理事长张心一、中国农业科学院副院长鲍贯洛和林山全程参加会议并讲话，包括中国科学院南京土壤研究所代表在内的 40 余人参加了会议。与会代表一致同意成立中国农业土壤与肥料学会，但第一步可先成立中国农学会下属的农业土壤肥料专业委员会或农业土壤肥料研究会，并建议在 1981 年年底召开“全国土壤肥料学术讨论会暨中国农学会土壤肥料研究会成立大会”。

1981年10月29日，中国农学会发出会议预备通知。11月底，再次召开筹备组会议，具体研究会议的组织安排，并根据会议建议，于11月30日和12月12日两次发出补充通知。12月9日正式成立会议筹备工作班子。12月19日向中国农学会杨显东理事长进行汇报，1982年1月7日，与农业部土地利用局领导就如何开好会议交换意见。

二、蓄势待发

「中国农学会土壤肥料研究会阶段，1982 ~ 1993」

一九八二年

2月15～21日，全国土壤肥料学术讨论会暨中国农学会土壤肥料研究会成立大会在北京举行。中国科学技术协会（简称中国科协）副主席、中国农学会理事长、农业部副部长杨显东，农业部副部长郑重，农垦部副部长王发武，中国科学院副秘书长石山，中国农学会副理事长、中国农业科学院院长金善宝，中国农业科学院副院长鲍贯洛，以及农业部、中国农学会有关部门的负责同志都亲临大会祝贺。来自除台湾以外的29个省、市、自治区从事科研、教学、生产和新闻出版，以及中国科学院、中国社会科学院、中国农业科学院有关研究所的180名代表中，既有老一辈著名科学家如西南农学院教授侯光炯，南京农学院教授黄瑞采、史瑞和、朱克贵，北京农业大学教授叶和才、彭克明、华孟，华中农学院教授陈华癸，沈阳农学院教授姚归耕，东北农学院教授何万云，农业部总技师朱莲青，江苏农业科学院研究员沈梓培，辽宁农业科学院高级农艺师方成达等，也有一大批中青年土壤肥料工作者。因事或因病不能到会的中国土壤学会理事长李庆逵研究员及朱祖祥教授、宋达泉研究员、陆发熹教授、孙羲教授等老一辈学者也都来信、来电，向大会表示祝贺和支持。

大会期间，共收到各种学术论文、研究报告等210多篇，科学家和科研工作者建议近30篇。通过大会报告和小会讨论，进行了广泛的学术交流。大会开幕式由中国农学会常务理事、中国农业科学院土壤肥料研究所（现更名为农业资源与农业区划研究所）所长高惠民研究员主持。农业部副部长郑重首先代表农业部党组向大会致以热烈的祝贺，并向大会作了有关我国农业生产形势的报告。他说，中国农学会土壤肥料研究会的成立，是我国农业战线的一件喜事。他向土肥工作者提出四方面的任务：第一，提高中、低产地区的土壤肥力；第二，科学地总结和发展我国农业的经验，研究合理轮作、施肥、耕作、灌溉和土壤管理方案；第三，搞好土壤普查和成果的应用；第四，提高化肥利用率。中国科协副主席、中国农学会理事长杨显东就土壤肥料研究会的性质、任务和今后工作重点作了重要讲话。他说，学术团体是社会历史和科学技术发展到一定阶段的必然产物。农业土壤肥料是由土壤、栽培、肥料、微生物等专门学科相互渗透、相互结合而发展起来的一门综合性的学科，科学技术发展到今天，农业土壤肥料学科的独特性质和任务是一种客观存在。因此，它自己的群众性、学术性的组织也就应运而生了。土壤肥料研究会的成立，必将有助于我国土壤肥料科学事业的发展。在谈到学会的任务时，杨显东副部长指出："根据学会的学术性、群众性、跨行业、跨部门的特点，其主要任务，一是提高，二是普及，三是向党和国家提合理化建议和接受国家有关部门的任务开展工作。"中国农业科学院土壤肥料研究所副所长、研究员张乃凤代表会议领导小组在讲话中表示：今后，研究会要与中国土壤学会、中国作物学会等有关学术团体加强联系，密切配合，虚心向他们学习，共同促进学科的发展，更好地为国民经济服务。

会议期间，代表踊跃向党和政府提出有关培养科学人才、发展土壤肥料科学、更好地为农业生产服务的倡议；经过充分酝酿、反复协商，民主选举了研究会的理事会与常务理事会，选举了华中农学院院长陈华癸教授为理事长，侯光炯、黄瑞采、朱莲青为研究会顾问，叶和才、朱祖祥、张乃凤、陆发熹、沈梓培、杨景尧、姚归耕、高惠民为副理事长，王金平等27人为常务理事，马福祥等78人为理事，任命刘更另为秘书长，毛达如、车胜前、张世贤、焦彬、喻永熹为副秘书长（图2）。

大会决定成立土壤调查、土壤改良、土壤肥力及耕作、化肥、有机肥、绿肥、菌肥及生物固氮、水土保持、理化分析九个专业组；会议讨论和通过了研究会会章和组织条例。此外，大会还酝酿讨论了土壤肥料"六五"发展规划和1990年的设想。

会议期间，中国科学院副秘书长石山作了有关农业怎样靠科学的报告。他分析了科学和生产发展的几个阶段，指出农业靠科学是一次思想大解放，是发展的必然趋势。目前要解决农业现代化如何与传统农业相结合的问题。我们要走中国式的现代化道路，要用现代化的科学知识来武装中国的农业。

新当选的中国农学会土壤肥料研究会理事长、华中农学院院长陈华癸教授在会议闭幕式上讲话。他说，中国农学会土壤肥料研究会是中国共产

图2　中国农学会土壤肥料研究会成立大会合影

党领导下的群众性学术团体，是为社会主义经济建设和科学技术建设服务的，是为土壤肥料科学技术的发展服务的，是为会员的学术活动服务的。第一要认真学习、贯彻、宣传党和国家有关国民经济建设、科学技术和土壤肥料建设方面的方针和政策；第二是组织全体的、专业组的学术活动和其他活动，研究会的办事机构要为专业组的活动做好服务；第三，要在中国农学会的领导下，很好地完成中国农学会交给我们的各项任务；第四，要积极地向党和政府及有关方面提出关于土壤肥料技术及经济建设的各种各样的建议；第五，要努力办好几个刊物，包括公开发行的和内部交流的刊物；第六，要做好土壤肥料科技的普及工作。陈华癸教授说，中国农学会土壤肥料研究会的成立，在土壤肥料科学技术方面，我们国家就有两个全国性的群众性的学术团体。一个是中国土壤学会，一个是中国农学会土壤肥料研究会。同时存在这样两个全国性的学术团体，这是客观形势发展的需要，对推动生产、发展科学、培养人才等方面只有好处，没有坏处。因此，广大的农业科学工作者和土壤肥料科学技术工作者认为，在中国农学会下成立一个土壤肥料研究会是非常必要的。陈华癸教授接着说，中国土壤学会是兄长，中国农学会土壤肥料研究会应该向兄长学习，双方应积极地协商，密切配合，加强协作，共同为振兴中华、为社会主义经济建设、为广大土壤肥料工作者的学术活动服务。

11 月 12 ～ 17 日，本会与中国农业科学院土壤肥料研究所联合在浙江杭州召开了“首届土壤酶学术讨论会”。这是我国第一次召开有关土壤酶的学术会议，30 多名代表参加了会议。会议收到论文 21 篇，其中 19 篇在会上进行了交流。代表认为，土壤酶与土壤肥料因子密切相关，用土壤酶活性评价土壤肥力是重要的研究方向。

11 月，本会还召开了“有机肥料学术讨论会”。

一九八三年

1983 年年初，本会与地方联合进行了北京山区综合利用与肥料结构的调查。

4 月，本会召开了“全国盐渍土水盐运动学术讨论会”。

8 ～ 9 月，本会与陕西省水利水保厅联合在陕西延安召开了“全国水土保持耕作学术讨论会”。来自22个省、市、自治区和中央有关单位的144名代表参加了会议。大会收到论文58篇，重点交流与讨论了耕作措施对水土保持的重要作用，参观了延安与绥德的水土保持现场。代表指出，必须重视并尽快控制坡耕地的水土流失，对耕地进行全面治理。建议将水土保持耕作纳入国家重点课题，组织协作攻关。

9月，本会派出中国农学会土壤肥料科学技术交流代表团一行5人对日本进行了21天的访问。共访问了国立试验场5个、道立试验场1个、县立试验场3个、农业高等院校3个、农业组合及农业技术中心2个、农户3个，还在北海道大学拜会了日本土壤肥料学会会长田中明教授，在东京参加了日本土壤肥料学会关东支部举办的联谊会。

1983年，本会还召开了“秸秆还田少耕现场技术讨论会”。

一九八四年

1月27日，本会在中国农业科学院土壤肥料研究所召开了土壤肥料科学家座谈会，会议的议题是：2000年的中国土壤肥料和土壤肥料科学研究在世界新的工业革命形势下怎么办？在京的土壤肥料科学家50余人参加了会议。

5月，学会在无锡召开了“全国城郊菜地施肥技术座谈会”，60余位代表在会上交流了关于菜地施肥的调查报告及研究进展，代表指出，近年由于城市的发展，老菜地减少，新菜地增加，由于过量施用氮肥与不合理施用垃圾肥，导致菜地的酸化、渣化与污染加剧，蔬菜产量与品质下降。代表认为，应该加强菜地生态环境保护与快速培肥的研究，加强蔬菜营养诊断、施肥标准化与专用肥的研究。

8～9月，本会与中国农业科学院土壤肥料研究所联合召开了“土壤肥料学术界部分归国学者座谈会”。21家单位的36名代表参加了会议，曾经在美国、西德、日本、澳大利亚、加拿大、智利和印度7个国家进行过学术访问、参加会议或合作研究的学者介绍了国外土壤肥料方面的研究动向与管理经验，并对我国的土壤肥料研究工作提出了8点建议。

9月，本会召开了“土壤肥料理化分析学术讨论会”。

11月5～7日，本会科普工作委员会在长沙召开“肥料知识丛书编

写工作座谈会”，会议由科普工作委员会主任肖泽宏、副主任车胜前主持。会议讨论了丛书的编写原则，修改了丛书的编写提纲，落实了丛书12个分册的撰稿人与交稿期限，成立了丛书的编委会。肖泽宏任主编，焦彬、唐耀先、贾醉公、谢振翅、奚振邦、张桂兰任编委。水稻施肥技术、玉米施肥技术、小麦施肥技术等12个分册的丛书将于1985年年底以前完成初稿编写。

11月间，本会与中国土壤学会联合召开了“全国合理施肥与有机无机肥料配合施用学术讨论会”。会上交流的学术论文达到160余篇。

本月，学会还召开了“南方红壤利用学术讨论会”。

在中国科协的倡导下，本会与中国农机学会、中国化工学会化肥分会在重庆联合召开了“化肥制造与施用技术座谈会”。来自肥料科研、设计、生产、流通与应用等不同领域的50名代表交流与讨论了我国肥料制造与应用取得的进展及存在的问题，提出了加强协作与交流的建议，并就化肥价格等方面的问题向有关部门提出专题报告。这种不同部门之间的多学科交流让大家互相沟通了情况、增进了了解、开阔了眼界，有利于不同行业之间的合作，更好地解决当前国民经济中存在的重大问题。

12月间，本会与中国农业科学院土壤肥料研究所联合召开了“生物固氮应用研究学术讨论会”。

一九八五年

4～5月，本会与四川省水电厅在四川江油联合召开了“全国梯田学术讨论会”，与会代表145人就梯田在水土保持、国土整治、生态环境保护与农业生产发展中的作用，以及梯田的修建、培肥与利用技术等问题进行了交流与讨论。

本会还与水电部黄河水利委员会联合召开了“草木樨学术讨论会”。

5月间，本会与中国农业科学院土壤肥料研究所联合召开了“牧草绿肥加工储藏学术讨论会”。

11月10～15日，中国农学会土壤肥料研究会第二次会员代表大会和全国土壤肥料科研工作经验交流会在湖北武汉召开，来自中央有关部院和29个省、市、自治区的土壤肥料科技与管理干部160余人参加了会议。

中国农业科学院刘更另副院长致开幕词，土壤肥料研究会陈华癸理事长代表第一届理事会作了工作报告（图 3）。他指出，土壤肥料研究会自 1982 年 2 月成立以来，已经发展团体会员 3000 多人，与各省、市、自治区的土壤（或土壤肥料）学会建立了联系，有的省还相应成立了省土壤肥料研究会。本会现已建立了土壤调查、土壤改良、土壤肥力及耕作、化肥、有机肥、绿肥、菌肥及生物固氮、水土保持、理化分析等专业组，在三年半的时间里开展学术活动 24 次，有 2000 多人、1000 多篇论文参加了交流。还派出了代表团赴日本访问交流，组织编写了肥料知识丛书，举办了全国土壤肥力理化分析培训班。代表审议并通过了理事会的工作报告，并选举了 80 名理事（另保留一个理事名额给台湾）组成本会第二届理事会，进而选举了 29 人组成常务理事会，陈华癸连任本会第二届理事会理事长，毛达如、刘更另、华孟、朱祖祥、李学垣、杨国荣、杨景尧、张世贤、段炳源任副理事长。聘任王金平、方成达、叶和才、朱莲青、许厥明、宋达泉、李庆逵、李连捷、沈梓培、陆发熹、张乃凤、陈恩凤、姚归耕、徐督、黄瑞采、侯光炯、程学达、蒋德麒、彭克明为学术顾问。任命江朝余为秘书长，刘怀旭、许志坤、车胜前、段继贤、郭炳家、喻永熹为副秘书长。第二届理事会设立学术委员会（主任委员陈华癸兼）、教育委员会（主任委员孙羲）、科普和开发委员会（主任委员肖泽宏）、编译出版委员会（主任委员刘更另兼）4 个工作委员会，土壤资源与土壤调查专业委员会（主任委员朱克贵）、土壤改良专业委员会（主任委员贾大林）、土壤肥力与植物营养

图 3　陈华癸理事长代表第一届理事会作工作报告

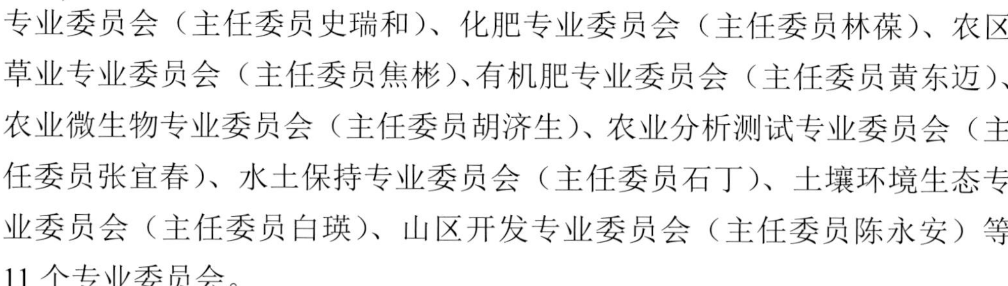

专业委员会（主任委员史瑞和）、化肥专业委员会（主任委员林葆）、农区草业专业委员会（主任委员焦彬）、有机肥专业委员会（主任委员黄东迈）、农业微生物专业委员会（主任委员胡济生）、农业分析测试专业委员会（主任委员张宜春）、水土保持专业委员会（主任委员石丁）、土壤环境生态专业委员会（主任委员白瑛）、山区开发专业委员会（主任委员陈永安）等 11 个专业委员会。

在同时召开的全国土壤肥料科研工作经验交流会上，中国农业科学院土壤肥料研究所江朝余所长作了“发展土壤肥料科学推动农业生产”的报告，全面总结了我国“六五”期间土壤肥力耕作的主要成就，提出了“七五”期间土壤肥料工作的任务设想，并指出，必须坚持科技改革，才能促进出成果、出人才，所以，应该优先抓好人才建设，组建具有特色的土壤肥料科研机构，进一步搞好分工协作，加强科技信息交流及提高科研管理水平（图 4）。与会代表经交流研讨，一致认为，土壤性质在很大程度上决定了农产品的数量与质量，为使我国农业得到稳定发展，必须保护好现有土壤，并不断提高土壤质量，从而获得更高的生产力。但是我国土壤侵蚀、沙化、盐碱化、潜育化现象一直十分严重，而土壤污染和退化问题还没有引起足够重视。例如，我国污水灌溉面积约 2000 万亩①，其中一半以上造成了土壤污染，我国工业废渣堆放已达 700 多亿吨，仅铬污染就有 20 万亩。我国化肥施用保证了约 1/3 的粮食生产，但是化肥利用率很低而且逐年下降，化肥成本占农业成本的 1/3，化肥消费已经成为影响我国农业经济效益的主要原因，对我国紧张的能源也是沉重的负担。为此，代表建议：一、必须大力加强土壤肥料科研工作，有必要将“土壤保护与提高土壤生产潜力”、“我国肥料结构与提高化肥经济效益”列为“七五”国家重点课题，组织全国力量开展协作研究；二、必须按土壤肥料科学本身的特点与要求来领导和部署土壤肥料科研工作，基础性、稳定性和大量的分析测试是土壤肥料科研工作的主要特点，如果忽视这些特点，就会影响土壤肥料科研工作应有的成就。

---

① 1 亩≈666.7m^2

图 4　中国农学会土壤肥料研究会第二次代表大会合影

一九八六年

本会团体会员人数已经超过万人。

7月8～10日，本会受农牧渔业部委托，在北京召开了“七五”、“八五”及2000年化肥需求量学术讨论会，30多位有关专家参加了会议。会议由本会理事长陈华癸主持，中国农业科学院院长卢良恕到会讲话。专家认为，我国农业增产主要依靠提高复种指数和单位面积产量，必须有高的投入。预计2000年我国化肥的需求量为3000万～3200万t。

8月19～23日，中国农学会土壤肥料研究会环境土壤与土壤生态专业委员会在四川北碚西南农业大学召开成立大会。著名学者侯光炯教授、李连捷教授寄来了贺信。大会确定专业委员会的根本任务是，研究土地资源在人类强烈活动下土壤性质发生的异常变化及恶果，寻求改善土壤环境以利于农业生产的途径与方法。推选了白瑛为主任委员，程桂荪、黄润华为副主任委员。

9月1日，本会在北京举行报告会，邀请了中国土壤学会出席国际土壤学会第十三届代表大会的代表团团长赵其国、副团长刘更另，对汉堡会议精神进行传达。

9月6～10日，中国农学会土壤肥料研究会召开的“农区种草用草学术讨论会暨农区草业专业委员会成立大会”在甘肃省酒泉市举行。84名代表参加了会议，33人在会上发言，对我国农区草业发展的各方面问题进行了探讨，提出了加强农区草业耕作的建议。全国政协常委陈绍迴、中国农学会理事长、中国农业科学院院长卢良恕、农牧渔业部、农业局、甘肃省农业科学院发来了贺信、贺电，省地方等有关领导出席会议并讲话。自草业及农区草业的观念形成以来，草在农业生产中的地位与作用被越来越多的人所承认，但是农区草业的发展仍然不够快，其巨大的潜力远未被发挥。据估计，我国农区种草的面积可以达到4600万hm^2，可年产粗蛋白2635万t。不仅可以提高土壤肥力，而且可推动养殖业的发展。为了促进农区草业的发展，代表指出，一方面应该改变传统的绿肥概念，进一步重视草的营养价值和适口性，重视草的多种类、多用途、多途径发展；另一方面应该注意草畜的同步发展，研究草的加工与储藏技术，解决养殖业所需的周年供草问题。

11 月 24 ～ 27 日，本会与农业科研测试中心联合会、陕西省土壤学会联合主持的“全国理化分析测试技术交流及学术讨论会”在陕西杨凌举行，会议收到论文 33 篇，来自全国 20 多个省级农科院测试中心的科技人员 42 人参加了会议。代表通过交流，一致认识到，当代分析测试技术以物理、化学的进展为基础，特别是微电子技术和新材料科学应用于分析测试，导致了现代仪器分析技术的突破。新的测试方法与测试仪器不断涌现，使分析测试的项目更多，精度更高。我们必须认清这个新形势，迅速发展我国的分析测试技术，早日赶上世界先进水平。代表建议，国家在进行农业分析测试中心设备建设的同时，要特别重视分析测试人才队伍的建设。会议通过民主协商，正式成立了中国土壤肥料研究会理化分析测试委员会，推选张宜春为主任委员，李鸿恩、邢文英、瞿晓坪为副主任委员，邢光熹、付绍清、高家骅、相里炳铨、胡传璞为委员。

12 月 24 ～ 28 日，本会与中国化工学会化肥学会、中国农机学会耕作机械专业委员会在广西南宁联合召开了“化肥制造与施肥技术第二次座谈会”。参加会议的有 3 个学会的代表 62 人，收到论文 45 篇。代表进行了学术交流与研讨，还参观了南宁市复合肥料厂和化工厂。通过交流与讨论，代表认为：第一，应该把增加化肥资源与合理施用化肥放在同等地位，通过提高化肥施用技术，大幅度增加农业经济效益；第二，由于我国生产高浓度复合肥的基础肥料不够，因此应该从中浓度复合肥起步来逐步发展复合肥；第三，施肥机具不仅可以提高效率，而且可以提高施肥的增产效果，是合理施肥的必要手段；第四，农化服务工作正在全国各地兴起，应当大力支持，正确引导。代表还建议：一、抓紧制定肥料法；二、小化肥的产品（如碳铵、普钙）在化肥中的比例将持续下降，但十年内仍有较大份额，所以仍应重视其质量与成本的控制，以及合理施用技术的推广；三、不仅应当重视化肥生产技术的提高，还应该重视化肥施用技术的提高，为此应该增加化肥施用技术的科研与推广经费。

一九八七年

3 月 10 日，本会与北京土壤学会、北京微生物学会联合召开了“非豆科作物固氮学术研讨会”，来自中国科学院、中国农业科学院、北京大学、

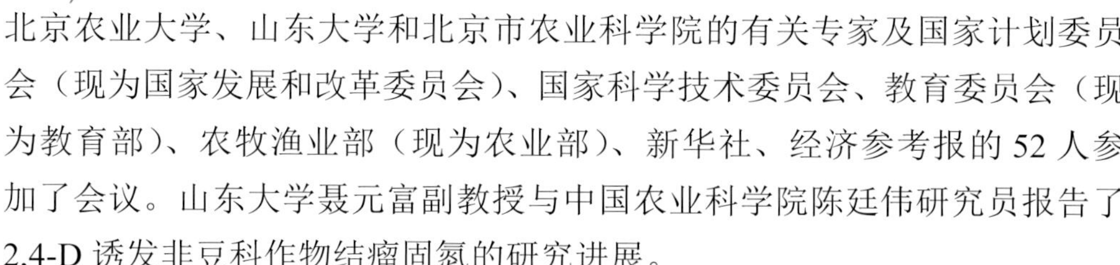

北京农业大学、山东大学和北京市农业科学院的有关专家及国家计划委员会（现为国家发展和改革委员会）、国家科学技术委员会、教育委员会（现为教育部）、农牧渔业部（现为农业部）、新华社、经济参考报的52人参加了会议。山东大学聂元富副教授与中国农业科学院陈廷伟研究员报告了2,4-D诱发非豆科作物结瘤固氮的研究进展。

3月21日～4月7日，根据国家继续教育工程会议精神，为提高我会技术人员与管理人员的学术水平，我会与中国农业科学院教育委员会在湖南祁阳的中国农业科学院红壤试验站联合举办了研讨班，有中高级科技人员与管理干部32人参加。邀请了浙江农业大学孙羲教授，华中农业大学李学垣教授、皮美美副教授等进行辅导。研讨班围绕"土壤化学与植物营养"学科前沿的新问题、新理论与新方法，结合实际，深入研讨。

4月1～4日，本会与中国农业科学院土壤肥料研究所联合举办的"秸秆覆盖还田应用技术研讨会"在北京召开，21位专家参加了会议。会议就1974年以来的秸秆覆盖还田和直接还田的技术研究进展进行了交流，代表认为，秸秆覆盖还田可同时达到增产、养地、节能与保护生态环境的多重效果，呼吁有关部门加以重视与支持，在加强秸秆覆盖还田技术的基础研究与配套技术研究的同时，加大推广的力度。

6月22日，本会与中国农业科学院土壤肥料研究所在北京联合举行报告会，邀请了中国科学院学部委员（后改称院士）、浙江农业大学名誉校长朱祖祥教授、吉林农业科学院土壤肥料研究所杨国荣研究员作"七五"期间土壤肥料研究进展与今后任务的报告。

9月8～16日，本会举办了题为"土壤水分与植物生长"的讲座，邀请美国土壤学会主席、俄勒冈州立大学土壤学系主任波茨曼教授介绍了土壤水分研究的最新进展与研究方法。来自全国各地44家单位的120余人参加了讲座。

10月上旬，本会农区草业专业委员会与全国绿肥试验网联合召开了"全国绿肥科研和生产座谈会"，部分省、市、自治区从事绿肥研究的科技人员参加了会议，在会上交流了绿肥科研成果，分析了当前绿肥生产中存在的问题，讨论了恢复和发展绿肥的必要性与潜力。代表指出，仅9个省的不完全统计，就有可种植绿肥的冬闲田8000多万亩，可套种绿肥的经济园林2000多万亩，可进行粮肥套（轮）作的面积8000多万亩，按亩产1500kg计算，可生产绿肥鲜草2.4亿t，可为农业提供氮素129万t，磷30

万 t，钾 90 万 t，如用一半作饲料，可获蛋白质 720 万 t，相当于 9000 万 t 玉米的蛋白质含量。因此，建议把绿肥种植纳入国家计划，落实种植面积，同时切实搞好种子繁育体系，加强科研工作，推动绿肥种植面积的恢复与发展。

12 月 28 日，本会第二届第三次在京常务理事会在北京召开。刘更另副理事长主持会议，中国农业科学院新任院长王连铮接见了会议代表。会议决定创办《植物营养与肥料学报》，争取在 1988 年试刊发行，并定在 1988 年第四季度召开本会常务理事扩大会议。

一九八八年

5 月 25 ～ 28 日，由本会与中国化工学会、中国化肥学会、中国农机学会耕作机械专业委员会共同组织的“第三次化肥制造与施用技术座谈会”在河北保定召开，40 余名代表参加了会议。经交流与讨论，代表形成了如下共识：第一，根据 1990 年粮食产量 9000 亿 kg 的要求，化肥需求量为 2355 万 t，氮磷钾比例为 1 ∶ 0.45 ∶ 0.25，2000 年需求量为 3265 万 t，氮磷钾比例为 1 ∶ 0.5 ∶ 0.2，在目前化肥产量不足的情况下，一方面要增加化肥生产，另一方面要提倡合理调配肥料资源，把肥料用到最能发挥增产效益的区域；第二，继续加强肥效试验，并通过建设农化服务体系，搞好科学施肥；第三，碳酸氢铵在相当长的历史时期还将继续存在和起作用，应该组织推广已研制出的提高其肥效的措施，并继续改善其物理化学性质；第四，进一步提高施肥机具的性能，形成不同系列的施肥机具。

8 月 1 ～ 10 日，中国农业科学院教育委员会与本会联合在辽宁兴城的中国农业科学院果树研究所举办了“全国土壤肥力与肥料效益研讨班”，来自 20 家单位的 34 名科技人员参加了研讨。主办单位邀请了北京农业大学华孟、毛达如教授，浙江农业科学院李实烨研究员，中国农业科学院周厚基研究员就土壤肥力与肥料效益学科的新观点、新理论、新方法，国内外新的研究成果及发展趋势，进行了讲述与讨论。

8 月 18 ～ 21 日，在贵阳市召开了“全国第三届土壤酶学术讨论会”，来自 25 家单位的 40 位代表参加了会议。会议收到论文 32 篇，有 25 位代

表在会上交流了自己的研究成果。会议还讨论了土壤酶学今后的发展方向与道路问题，代表认为，应该以提高尿素利用率及防治土壤污染为主攻方向，并应该不断提高土壤酶的研究手段。

12 月 8 ～ 17 日，本会副理事长杨景尧带领 4 名同志对海南省琼海、陵水、乐东、临高 4 个商品粮基地县进行了考察。

一九八九年

1 月 31 日，本会第二届第四次在京常务理事会在北京召开。会议部署了第三届会员代表大会的筹备工作。

4 月 20 ～ 30 日，组织了 7 名离退休科技人员对山东威海大西庄进行调查研究与技术咨询。

5 月 17 ～ 21 日，由本会和山东省水资源与水土保持工作领导小组联合主持的“全国水土保持、山区开发战略研讨会”在山东烟台召开，来自国家有关部委和 17 个省的 65 名代表参加了会议。会议收到论文 40 篇。通过大会建议与分组讨论，代表在如下问题上取得了共识：①我国山区面积占全国 2/3，居住人口占 1/3，耕地面积占 2/5，但是全国 18 片贫困地区全都分布于山区，为了加快山区治理开发速度，国家在宏观指导与具体政策上，应当向山区适当倾斜；②水土保持是山区开发的基础；③山区开发的战略思想是开发资源脱贫致富，内容包括发展多种经营、商品经济，并且在宏观上做到粮食自给，这就需要大力兴修以梯田为主的基本农田，辅以水土保持耕作措施，为提高单产创造条件；④以新的方法和措施提高水土保持成效，如在小流域治理的基础上，建立立体型生态经济体系，以及推行拦雨保土耕作法等。为此，代表向国家有关部门提出了把水土保持列入国家经济计划指标之内、健全水土保持机构、增加水土保持投资和加强水土保持科研工作的建议。

5 月 6 日，本会农区草业专业委员会在上海召开了工作会议，回顾了一年来农区草业的进展情况，研究了成立中国紫云英协会的有关事宜。

10 月 20 日，本会土壤环境专业委员会主持的“北京市水污染及其治理研讨会”在北京农业大学召开，12 家单位的 35 名专业人员参加了会议。代表指出，北京市年排放污水 9 亿 t，其中进入管道收集的仅占

64%，进入污水泵站或处理厂的仅占28%，因此污染情况日趋严重。建议北京市必须一方面减少工业污水的排放量，另一方面要加强污水的收集与处理。

一九九〇年

1月20日，本会第二届第五次在京常务理事扩大会议在北京召开，会议由刘更另副理事长主持，中国农学会常务副理事长方粹农到会讲话，传达了中国科协工作会议的精神。会议还研究了第三届会员代表大会的筹备事宜。

5月29日～6月2日，“全国土壤肥力学术讨论会暨中国农学会土壤肥料研究会第三届会员代表大会”在北京中国农业科学院举行，来自中央有关部委和30个省、市、自治区的会员代表123人参加了会议。收到论文90篇。会议交流了“七五”以来全国土肥战线所取得的研究成果，探讨了土壤肥料科学的发展方向与目标，并向有关部门提出了“八五”土壤肥料科研选题的建议。建议书提出，把我国主要中低产土壤的改良、培肥研究，高效施肥系统的研究，农业微生物资源与菌肥、菌根的研究，土壤营养元素迁移规律与作物营养机理的研究列为国家重点研究课题。代表认为，土壤肥料科学承担着保护和提高土壤生产力，提高肥料利用率等多项具有重大意义的科研任务，应集中全国优势力量，加强协作攻关，力争在改土培肥和高效施肥方面取得突破。在6月2日的会员代表大会上，陈华癸理事长代表第二届理事会作了工作报告，代表讨论并通过了工作报告，选举产生了由55名理事（给台湾保留1名）组成的本会第三届理事会，陈华癸为名誉理事长，刘更另为理事长，林葆为常务副理事长，马毅杰、毛达如、甘晓松（女）、张世贤、段炳源为副理事长，黄鸿翔为秘书长，马毅杰、毛达如、毛炳衡、甘晓松（女）、刘更另、刘宗衡、刘春堂、李学垣、林葆、杨景尧、杨堙、范业成、张世贤、邹邦基、赵振达、段炳源、段继贤、姚家鹏、黄鸿翔、焦彬、奚振邦、蒋谐音（女）、樊永言23人为常务理事。

9月5～14日，本会常务理事蒋谐音带领4名科技人员对地处三江平原的红兴隆管理局、建三江管理局和牡丹江管理局下辖的7个农场进行了实地调查研究。

一九九一年

2月11日，本会第三届第二次在京常务理事会在北京召开，会议由刘更另理事长主持，中国农学会常务副理事长方粹农到会讲话，黄鸿翔秘书长作工作汇报。会议通过了经反复征求意见后提出的副秘书长、工作委员会、专业委员会和学报筹备小组负责人的名单：副秘书长郭炳家（常务）、段继贤、黄照愿、曹一平、李文科；学术委员会主任刘更另，副主任李学垣、张绍丽；教育委员会主任毛达如，副主任毛炳衡、陈伦寿；编译出版委员会主任林葆，副主任杨景尧、黄照愿；科普开发委员会主任张世贤，副主任段炳源、邢文英；土壤资源与土壤普查专业委员会主任章士炎，副主任李承绪、蒋光润；土壤肥力与植物营养专业委员会主任赵振达，副主任姚家鹏、李纯忠；土壤改良专业委员会主任刘春堂，副主任刘勋、谢承陶；化学肥料专业委员会主任吕殿青，副主任刘宗衡、李家康；农区草业专业委员会主任吕福海，副主任林沧、陈礼智；有机肥专业委员会主任陈谦，副主任李树藩、金维续；农业微生物菌肥专业委员会主任任守让，副主任娄无忌、葛诚；农业分析测试与肥料质量监测专业委员会主任赵协哲，副主任何平安、瞿晓坪；山区开发与水土保持专业委员会主任杨景尧，副主任石丁、陈永安，肥料与土壤环境条件专业委员会主任顾方乔，副主任白瑛、程桂荪。

4月21～30日，本会会同农业部农业司土肥处、中国农业科学院土壤肥料研究所、河南省农业科学院、河南省土肥站、河南省土壤学会，对河南省新乡、焦作、洛阳3市的4个县6个乡镇小麦高产区的吨粮田开发进行了调查研究。通过调研，大家认为，吨粮田开发建设已经成为人多地少的高产地区发展粮食生产的重要途径，当地现有的吨粮田种植形式主要有小麦玉米套种、麦稻复种和麦棉套种（棉花折粮），各地应该因地制宜，稳步发展。

4月28～29日，第三次国际紫云英学术讨论会和第二次全国种草用草学术讨论会在安徽省宣州市召开，87名学者参加了会议，并提交了28篇学术论文。

7月26～29日，本会与黑龙江省国营农场总局联合主持的“全国经济施肥与培肥技术学术讨论会”在黑龙江垦区红兴隆管理局召开。81名来自全国各地的代表参加了会议，并提交了95篇学术论文，32名代表在大会上作了学术报告。会议交流了近年来配方施肥技术、有机肥施用、绿肥种植和培肥改土方面的新成果，并在会后参观了黑龙江农垦科学院、红兴隆科研所与八五四、八五二、八五三、红旗岭、五九七、友谊农场五分场等农场。通过交流与讨论，代表取得了以下共识：①黑龙江垦区的发展表明，依靠科技进步是建设现代化农业的根本保证；②因土因作物施肥是提高化肥经济效益的重要途径；③增施有机肥、实行有机无机配合是建设高产稳产农田的重要措施。为了促进我国土肥事业和现代农业的发展，会议起草并通过了“关于发展土壤肥料科技与农业生产服务的建议”。建议书包括保护和提高现有耕地的生产力；在增加数量、提高质量、调整结构的基础上，提高肥料利用率；大力推广配方施肥（测土施肥、推荐施肥）；重视并合理使用中量、微量元素肥料；加强和完善农化服务体系建设；加强对土壤肥料科研和技术推广工作的领导等内容。

9月20～22日，为贯彻落实1988年国务院83号文“关于重视和加强有机肥料工作的指示”和1991年国家计划委员会、农业部、建设部“关于进一步加强有机肥料工作的通知”精神，本会和农业部农业司土肥处、河北省农业厅土肥处在河北邯郸联合召开了“我国北方秸秆还田技术研讨会”，北京、天津、河北、山东、山西、河南、辽宁、内蒙古、新疆、宁夏10个省、市、自治区的科技与推广部门60余名科技人员参加了会议。会议收到论文50余篇，会上交流了秸秆还田的技术，还参观了磁县与临漳县的积肥与秸秆还田现场。通过交流与讨论，与会代表认为，如果领导重视，并有优惠政策与技术的保证，秸秆还田可以发挥重要作用，是增施有机肥的重要措施。但是当前各地工作很不平衡，焚烧秸秆的现象仍很普遍。为了很好地推广秸秆还田措施，建议有关部门及早解决如下问题：①秸秆还田应该努力实现机械化；②制定优惠政策，调动干部与农民实施秸秆还田的积极性；③搞好技术服务；④加强秸秆还田的科学研究；⑤加强秸秆还田工作的组织领导。

10月21日，本会申报一级学会已经得到农业部和中国农学会同意，农业部发出[1991]农（人）函字第94号文“关于中国植物营养与肥料学会申请登记资格审查意见的通知”，通知全文为：“根据国办[1990]32号文《国务院办公厅转发民政部关于清理整顿社会团体请示的通知》精神和《社会团体登记管理条例》的规定，经我部对你会全面审查，确认

你会的成立从工作需要和事业发展上确有必要，机构设置符合政策要求，内部规章制度健全，具有基本活动条件，业务活动合法，政治方向正确，具备全国性社会团体法人资格，同意你会作为全国性一级社会团体申报办理重新登记手续。”全部申报材料已于1991年11月上报民政部社团司，待审批。

12月1～6日，本会与河南省土壤学会、河南农业科学院土壤肥料研究所、河南省土肥站在河南郑州联合举办了“全国吨粮田地力建设和施肥效益学术讨论会”，来自18个省、市、自治区71家单位的120余名代表参加了会议。会议收到学术论文60多篇，有28篇在会上进行了交流。据当时的报道，1990年全国吨粮田开发面积超过2500万亩，20世纪80年代我国小面积单产最高纪录已经达到单季稻900～1000kg、双季稻1500kg、冬小麦800kg、春小麦995kg，这表明我国吨粮田开发具有广阔的前景。代表认为，吨粮田开发建设应该主攻中产变高产，高产田变成吨粮田，是农田基础设施建设、农业物质技术基础改善、劳动者科技素质和管理水平提高的过程。为了使吨粮田建设能够健康有序地进行，会议向有关部门提出了“抓紧地力建设，提高施肥效益，促进我国吨粮田持续健康发展的建议”，包括吨粮田开发建设应当树立正确的指导思想和技术路线；通盘规划，先易后难，分期分批开发建设吨粮田；增施有机肥，强化地力建设是吨粮田实施高产高效的重要保证；吨粮田的开发必须强调高产高效；加强吨粮田开发中的土壤肥料研究已势在必行；实行三力（权力、智力、物力）变一力（农业综合生产力），加强吨粮田开发建设的管理等内容。

1991年还按照《中国科学技术专家传略》编纂委员会要求，组织有关单位完成了彭家元、张乃凤、陈尚谨、冯兆林4位专家的传略编写。全年组织了60多人次分期分批参加了在广西桂林、北海，湖南索溪峪，河南鸡公山，河北承德避暑山庄举办的联谊活动。

一九九二年

1月31日，本会第三届第三次在京常务理事会在北京召开，刘更另理事长主持会议，中国农学会常务副理事长方粹农出席会议并讲话，郭炳家常务副秘书长作了工作汇报，并对申报一级学会问题做了说明。会议决定与中国农业科学院教育委员会、农业部全国土肥总站合作举办首届“全国青年土壤肥料科技工作者优秀论文评选和学术讨论会”。

6月4～7日，本会与中国农业科学院教育委员会、农业部全国土肥总站合作举办的首届“全国青年土壤肥料科技工作者优秀论文评选和学术讨论会”在广州召开，来自27个省、市、自治区的56个农科院所、大专院校与土肥站系统的87名代表参加了会议，代表中有36人是各省、市、自治区土肥所的领导，其余51人是青年代表。优秀论文评选要求每个省、市、自治区推荐不超过5篇论文，共征集论文138篇。经过有关专家初评和评委会复评，有57篇论文获奖，其中一等奖3篇、二等奖6篇、三等奖19篇、优秀论文29篇。有43篇论文参加了大会交流。这次参加评选的论文大多学术水平较高，涌现出一批高水平的青年科技人才。由于有22个省、市、自治区土肥所的所长参加会议，因此会议期间召开了全国土肥所所长座谈会，对“八五”科技攻关、科技开发与人才培养等问题进行了交流与研讨。

8月11～15日，本会与中国微生物学会、中国土壤学会联合主办，甘肃省农业科学院生物研究所承办的“第七次全国土壤微生物学术讨论会”在兰州召开，来自17个省、市、自治区的41家单位90位代表参加了会议。会议收到论文75篇，安排了9个特邀报告、22个大会报告和27个分会场报告。会议反映出我国土壤微生物学近年的新成就，如在土壤微生物生态学和物质的生物循环，生物固氮资源调查、开发利用及基础研究，VA菌根真菌的资源、分类、与寄主关系、与根瘤菌双接种等方面都取得了很大的进展，土壤微生物制剂的种类与剂型也大幅度增加。但是，尚待解决的问题也很多，主要是土壤微生物研究的投入不足，科研条件较差，导致应用基础薄弱，而在微生物制剂方面，市场监管不严，产品真伪混杂。

9月17～23日，本会与新疆生产建设兵团农业局联合主办的“全国高产高效农田地力建设和施肥效益学术讨论会”在新疆生产建设兵团农二师所在地库尔勒市召开，57位正式代表与10多位列席代表参加了会议，收到论文45篇，其中16篇在会上进行了交流。新疆生产建设兵团副司令员文可孝、兵团农业局局长韦全生、中国农业科学院副院长甘晓松、本会副理事长张世贤、秘书长黄鸿翔、副秘书长郭炳家等参加了会议。代表国绕高产、优质、高效农业的地力建设与施肥效益进行了学术交流与讨论，参观了新疆生产建设兵团农二师的21团、22团、28团和29团4个团场的土壤管理与土壤培肥现场。兵团战士把荒凉的戈壁滩改造成为了生态环境良好的高产农田，使各地来的代表深受鼓舞，大家认识到，必须树立大农业的思想，实行用地与养地相结合，加强农田基本建设，改善农田生态环境；在具体措施上应该重视有机肥的开发利用，坚持有机肥与无机肥结合，提高配方施肥水平，建立科学的施肥制度；此外，建设土肥信息系统，加强土肥技术推广与服务体系，搞好肥料质量管理及建立健全农田地力建设法规也是重要的。

10月23～26日，本会与中国农业科学院、农业部全国土肥总站联合召开的“南方吨粮田地力建设与肥料效益学术讨论会”在浙江嘉兴举行，来自全国16个省、市、自治区35家单位的81名代表参加了会议。本会副理事长、农业部农业司总顾问张世贤主持了会议，浙江省农业科学院副院长徐明时、嘉兴市副市长傅阿五和农业部土肥总站副站长章士炎在会上讲了话。会议收到论文40篇，14位代表作专题学术报告。会后代表考察了嘉兴市新丰镇永济村、平湖市大乔乡六店村三熟水旱轮作吨粮田现场。代表交流讨论了农田吨粮生产的历史与现状，吨粮田的土壤环境条件与肥力指标，以及吨粮田的培育与管理措施等。根据实测结果，不同类型吨粮田的地力贡献率为64.4%～75.8%，因此，维护优厚的地力贡献，保持土壤养分平衡在吨粮田的建设中具有重要的意义。

11月3～5日，受农业部农业司委托，本会在北京召开了“微生物肥料检测技术研讨会”，来自全国14个省、市、自治区23家单位的40位代表参加了会议，本会理事长刘更另，副理事长林葆、张世贤到会，微生物学家、中国科学院学部委员（后改称院士）陈华癸、樊庆笙和中国微生物学会理事长李季伦参加了会议并作了学术报告。代表一致认为，我国微生物肥料已经初步进入了正规化生产，微生物肥料品种与应用面积大量增加，但是监督管理有待加强，中国农业科学院土壤肥料研究所根据1959年全国农业微生物科学技术座谈会意见编制的商品微生物肥料质量标准要求已经30余年未加修订，早已不适应目前微生物肥料生产的需要。在这种形势下，农业部决定建立农业部微生物肥料质量监督检验测试中心是非常必要的。代表对该中心提出的“微生物肥料国家标准”（讨论稿）进行了认真的评议，提出了很好的修改意见，并对今后如何加强微生物肥料质量监督工作提出了许多建议。

一九九三年

2 月 6 日，本会第三届第四次在京常务理事会在北京召开，刘更另理事长主持会议，中国农学会荣誉理事方粹农参加会议并讲话，指出在 1992 年 1 ～ 9 月就有 2400 万亩耕地被占用，其中 1600 万亩是最好的耕地，学会应该关心这个问题，向党和政府有关部门提出保护耕地的意见。

5 月 27 ～ 28 日，本会在北京召开了“钛农业利用学术讨论会”，40 余名代表参加了会议。会议收到论文或工作报告 70 余篇，围绕国内外钛的农业利用动态、含钛肥料增产机理和今后开发利用前景进行了交流研讨。

6 月 15 ～ 17 日，本会与中国硫酸工业协会、美国硫磺研究院联合在北京召开了“中国硫资源和硫肥需求的现状与展望国际学术研讨会”，美国、加拿大、法国、菲律宾、澳大利亚、波兰、泰国、马来西亚、越南、韩国等 14 个国家的 15 名代表，国内 14 个省、市、自治区的 130 余名代表参加了会议。会议对硫资源及硫肥需求、土壤硫素状况、硫肥肥效和硫肥应用前景等问题进行了交流与讨论。

9 月 2 日，民政部部长多吉才让签署证号为社证字第（1487）号的登记证，中国植物营养与肥料学会符合中华人民共和国社会团体登记的有关规定，准予注册登记。登记类别为学术团体，宗旨为促进植物营养与肥料科技研究的开展，活动地域为全国，会址为北京，负责人为林葆。自此，本会正式从中国农学会分离出来，成为独立的一级学会。

10 月 11 日，本会在北京召开了在京常务理事会，刘更另理事长主持会议，通报与确定了如下问题：①中国农学会土壤肥料研究会依照中华人民共和国社会团体登记的有关规定，于 1993 年 9 月 2 日经民政部批准登记为一级学会，具备社团法人资格，并更名为“中国植物营养与肥料学会”，英译名为 Chinese Society of Plant Nutrition and Fertilizer Science，各省（市、自治区）土壤（肥料）学会、农业科学院土壤肥料研究所、土肥站、高等农业院校土化系仍是本会团体会员，其所属个人会员亦本会个人会员。②依照中华人民共和国社会团体登记的有关规定和“促进植物营养和肥料科技研究的开展”的宗旨，开展学术交流、咨询服务；建立健全专业委员会、工作委员会等组织机构。③同意郭炳家任“中国植物营养与肥料学会”

副秘书长兼办公室主任（正处级）。④拟于 1994 年 8 ～ 9 月召开全国会员代表大会，以“植物营养在高产优质高效农业发展中的地位与作用”为主题征集论文，为代表大会做好筹备工作。⑤开展活动，做好工作，积极创造条件，申请加入中国科协，成为中国科协团体会员，并着手筹备《植物营养与肥料学报》的试刊工作。

三、走向辉煌

［中国植物营养与肥料学会阶段，1994 年至今］

一九九四年

2 月 4 日，在北京召开了本会在京常务理事会，刘更另理事长主持了会议。会议研究了中国土壤肥料研究会更名为中国植物营养与肥料学会并成为一级学会以后，如何建立健全组织机构与开展学术活动等问题。

3 月 1 ～ 2 日，在北京召开了本会常务理事会，决定当年 10 月在成都召开本会第五次会员代表大会暨 1994 年学术年会；决定设立学术、教育、编译出版、组织和青年 5 个工作委员会，土壤肥力与管理、矿质营养与化学肥料、有机肥与绿肥、微生物与菌肥（剂）、肥料与环境、山地开发与水土保持、根际营养与施肥、测试与诊断 8 个专业委员会，设立学会办公室，财务、科技咨询归办公室管理；创办《植物营养与肥料学报》，试办一年，然后申办正式出版。

5 月 20 日，在北京召开了本会常务理事扩大会议，听取了赴成都筹备会议的情况汇报，决定了代表大会的具体时间、地点与规模。

6 月 22 日，本会拟创办的《植物营养与肥料学报》已得到农业部批准，农业部办公厅发函北京市新闻出版局，要求准予办理内刊准印手续。

7 月 27 日，在北京召开了在京常务理事会，研究落实各省、市、自治区的代表与理事人数。

9 月 27 日，在北京召开了在京常务理事会，协商了新一届理事会的组成。

9 月，《植物营养与肥料学报》（试刊）第一期出版。

10 月 12 ～ 15 日，本会与中国土壤学会联合在成都召开了“全国土壤肥料长期定位试验学术讨论会”，来自 28 个省、市、自治区 30 多家单位的 55 位代表参加了会议。27 位代表在会上发言，交流了国内土壤肥料长期定位试验的进展与结果，讨论了今后的研究内容与方法，并决定今后新布置的土壤肥料长期定位试验一律统称土壤肥力长期定位试验。现有长期定位试验表明，平衡施用氮磷钾化肥加有机肥可以提高土壤肥力；在目前的施肥水平下，土壤的氮磷养分平衡或有盈余，而钾亏缺；磷肥有较长的后效，10 年的累加利用率在 50% 左右；肥料对产量的贡献一般旱作大于水稻，越冬作物大于春播或夏播作物。

10 月 17 ～ 20 日，在成都市召开了中国植物营养与肥料学会第四届会员代表大会暨 1994 年学术年会。全国 30 个省、市、自治区的农科院、农业厅和农垦系统、大专院校、中国科学院和中国农业科学院有关研究所、农业部、化工部、国内贸易部、中国土壤学会、中国微生物学会的代表及美国、加拿大等国的学者共 213 人参加了会议。侯光炯院士出席大会并讲话，李庆逵、陈华癸、陈恩凤、朱祖祥等老一辈专家及国家科委副主任韩德乾、农业部副部长洪绂曾、中国工程院副院长卢良恕、四川省副省长张中行、德国霍恩海姆大学马斯纳教授给大会发来贺信或贺电。

刘更另理事长代表第三届理事会作工作报告，毛达如副理事长作修改会章报告。代表讨论并通过了 2 个报告。经反复协商及投票选举，确定了由 125 名理事组成的第四届理事会。在第四届一次理事会会议上，选出了 36 名常务理事，陈华癸为名誉理事长，刘更另为理事长，林葆为常务副理事长，毛达如、马毅杰、朱钟麟（女）、李家康、张世贤为副理事长，黄鸿翔为秘书长，陈礼智、郭炳家为副秘书长。决定设立学术、教育、编译出版、科普开发、组织、青年 6 个工作委员会，由金继运、毛达如、林葆、张世贤、李家康、张福锁分别担任主任委员；设立土壤肥力与管理、矿质营养与化学肥料、有机肥与绿肥、肥料与环境、微生物与菌肥（剂）、根际营养与施肥、测试与诊断、山地开发与水土保持 8 个专业委员会；决定成立《植物营养与肥料学报》编辑委员会，由 21 名委员组成，林葆为学报主编，陈礼智为副主编。

在同时举行的学术年会上，收到学术论文 150 多篇，包括 7 名青年学者的 30 位代表在大会上作了学术报告。

12 月 10 ～ 13 日，本会派人员参加了中国科协组织人事部召开的“科技联谊活动总结会”。该年本会组织了 50 多名会员分期分批参加了在广西桂林、湖南索溪峪、云南昆明、江苏连云港、河北承德和黑龙江五大连池举办的联谊活动。

一九九五年

1月17日，本会在北京召开了第四届第二次在京常务理事会，会议由林葆常务副理事长主持，刘更另理事长讲了话，黄鸿翔秘书长就增补理事、常务理事，聘任专业委员会主任委员和聘请学术顾问、荣誉理事等问题做了说明。会议决定增补毛端明、王思华、牛宝平、江瀑、刘孝义、陈同斌、陈佳杰、李生秀、李盛梁、惠玉虎、凌励、裴林芝12人为第四届理事会理事，李书琴（女）为第四届理事会常务理事；聘任汪德水为土壤肥力与管理专业委员会主任委员、褚天铎为矿质营养与化学肥料专业委员会主任委员、陈同斌为肥料与环境专业委员会主任委员、葛诚为微生物与菌肥（剂）专业委员会主任委员、李晓林为根际营养与施肥专业委员会主任委员、朱钟麟（女）为山地开发与水土保持专业委员会主任委员、吴尔奇为有机肥与绿肥专业委员会主任委员，测试与诊断专业委员会主任委员暂时空缺；聘请侯光炯、李庆逵、朱祖祥、陈华癸、张乃凤、陈恩凤、李酉开、华孟、韩德乾、吴亦侠、刘成果11人为学术顾问；聘请刘春堂、李学垣、杨景尧、范业成、邹邦基、段炳源、姚家鹏7人为荣誉理事。

3月9日，本会与中国硫酸工业协会、美国硫研究所联合主办的“中国硫肥的需求和发展国际学术研讨会”在北京召开，来自联合国粮食及农业组织、美国硫研究所、加拿大PRISM公司、澳大利亚新英格兰大学、加拿大ASICHEM国际公司和国内有关单位的代表共80余人参加了会议。会议收到论文10余篇，有6篇在会上作了报告。通过交流与讨论，代表认为，当前世界各地土壤缺硫现象日益普遍，中国随着高浓度化肥的发展，缺硫现象也将逐渐扩大，应该引起重视。

4月24～27日，由中国科协主办，中国科协信息中心、中国微生物学会农业微生物专业委员会、中国植物营养与肥料学会微生物与菌肥专业委员会、中国土壤学会土壤生物与生物化学专业委员会、中国绿色食品发展中心共同承办的“95全国微生物肥料专业会议”在北京召开，来自全国25个省、市、自治区13家单位的179名代表参加了会议，其中包括有老一辈微生物学家陈华癸院士及樊庆笙、李季伦、李阜棣、陈文新等教授。会议共安排了24个大会报告，陈华癸、樊庆笙教授也在会上作了重要讲话。通过交流，代表认为，我国现在初步形成了微生物肥料行业，据不完全统计，已有 100 多家企业，年产量达到 10 多万吨，而且正在较快发展。但是，微生物肥料的研究工作却日益萎缩，10 多年来几乎没有任何科研课题立项，因此一些长期困扰微生物肥料生产与应用的问题一直得不到解决，在很大程度上制约了微生物肥料的发展。为此，代表建议，要增加投入，加强微生物肥料的应用基础与技术开发研究，同时还要加快产品标准的制定，尽快开始微生物肥料产品的检验登记工作，此外，制定相关法规，对市场的进一步规范也应该及早进行。

4 月 19 日，根据 1994 年常务理事会与代表大会的决定，本会致函农业部人事劳动司，申请对下属专业委员会进行调整，将 10 个专业委员会调整为 8 个：土壤肥力与管理专业委员会、矿质营养与化学肥料专业委员会、根际营养与施肥专业委员会、有机肥与绿肥专业委员会、肥料与环境专业委员会、测试与诊断专业委员会、微生物与菌肥专业委员会、山地开发与水土保持专业委员会。

4 月 25 日，本会呈文农业部，申请《植物营养与肥料学报》公开发行，同时报送的还有由陈文新、张乃凤、陈华癸、曹一平、毛达如、刘更另、樊庆笙、林葆、李酉开、李季伦、李阜隶、卢良恕 12 位专家签署的“关于《植物营养与肥料学报》公开发行的建议”。

6 月 6 日，农业部人事劳动司发出 [1995] 农（人编）字第 23 号文，对本会下属机构调整的报告做出批示，同意将土壤资源专业委员会、土壤保护专业委员会合并为肥料与环境专业委员会，土壤肥力专业委员会、土壤管理专业委员会合并为土壤肥力与管理专业委员会，有机肥料专业委员会、绿肥饲草专业委员会合并为有机肥与绿肥专业委员会，化学肥料专业委员会更名为矿质营养与化学肥料专业委员会，测试与肥料监测专业委员会更名为测试与诊断专业委员会，增设《植物营养与肥料学报》编辑部和根际营养与施肥专业委员会。

6 月 15 日，得到农业部批示同意后，本会发文民政部社团管理司，申请对下属机构进行调整。要求将土壤资源专业委员会、土壤保护专业委员会合并为肥料与环境专业委员会，土壤肥力专业委员会、土壤管理专业委员会合并为土壤肥力与管理专业委员会，有机肥料专业委员会、绿肥饲草专业委员会合并为有机肥与绿肥专业委员会，化学肥料专业委员会更名为矿质营养与化学肥料专业委员会，测试与肥料监测专业委员会更名为测试与诊断专业委员会，增设《植物营养与肥料学报》编辑部和根际营养与施肥专业委员会。

10 月 10 日，由农业部软科学委员会、中国植物营养与肥料学会和加拿大钾磷研究所共同主办，美国硫酸钾镁肥协会赞助的“中国农业发展中的肥料战略研讨会”在北京召开，来自美国和加拿大的 7 名国外专家和国家计划委员会、财政部、化工部、农业部、国家体改委、国务院发展研究中心、中国农业发展银行、中国科学院、中国农业科学院、国家化肥质检中心、中国化工粮油进出口总公司、中国农业生产资料集团总公司、部分省（市、自治区）土肥站、大专院校的代表 60 余人参加了会议。通过交流与讨论，代表认为，中国当前粮食产量的 1/3 是靠施肥获得的，肥料在各项农业物质投入中比例最大，增产效果也最显著，但面临的最新挑战是施肥效益下降，故应大力普及科学施肥知识，提高肥料效益和利用率。会议形成了“中国农业发展中的肥料战略研讨会建议”，该建议在分析中国肥料现状的基础上，提出了平衡施肥、发展高浓度肥料、调整化肥进口政策、重视中微量元素的作用、加强肥料的质量监督、取消化肥补贴政策、发展肥料长期购销合同、提高农民素质、提高粮价以调整粮肥价格比、不同部门应加强协作等 10 点建议。

一九九六年

2 月 12 日，在北京召开第四届第三次在京常务理事扩大会，林葆常务副理事长主持会议，会议审议了 1995 年的工作总结和 1996 年的工作计划，要求做好“提高肥料养分利用率学术研讨会”和“国际肥料与农业发展学术研讨会”的准备工作。

5 月 10 ～ 11 日，本会与中国化工学会在北京联合召开了“提高肥料养分利用率学术研讨会”，并于会后形成了“关于大力提高化肥利用率和肥效的建议”。该建议包括加强领导，强化宏观调控；努力增产化肥，健全化肥品种结构的调整；健全化肥分配销售系统，适应科学施肥需要；加快步伐，大力推广科学施肥技术；建立健全产供用相结合的科学施肥服务体系；制定适合我国国情的肥料法规；增加科技投入等意见。6 月 28 日呈报国务院副总理姜春云、中共中央政治局候补委员温家宝及国务委员陈俊生等领导同志。7 月 1 日姜春云副总理批示：“建议很好，应当抓好落实的

工作，对测土配方施肥和深层施肥，应加以强调。”

8月23～25日，由本会根际营养与施肥专业委员会、青年工作委员会和中国土壤学会土壤植物营养专业委员会共同组织的“植物根际与营养遗传研讨会”在中国农业大学召开。会员代表认为，植物营养研究应该加强协作，在磷效率、水肥利用率、营养遗传与高效基因型选育、中微量元素营养等方面进一步深入研究。

10月15～18日，本会与农业部国际合作司、加拿大磷钾研究所（PPI/PPIC）共同举办的“国际肥料与农业发展学术研讨会”在北京举行。本会全体理事和农业部、化工部、中国农资集团公司等部门与单位的代表，以及加拿大、美国、泰国、巴基斯坦、孟加拉国、厄瓜多尔等国家20多位专家共120多人参加会议。农业部白志健副部长、加拿大驻华大使、加拿大萨斯喀彻温省能源部部长、中国农业科学院王韧副院长出席开幕式并讲话。大会收到论文78篇，27位中外专家在大会发言。代表分析了国内外肥料的产、销、用现状，交流与研讨了各类肥料的增产作用及提高肥料利用率问题，取得了如下共识与建议：中国的化肥用量应当进一步增加；有机肥与化肥相结合的施肥制度是中国肥料工作应当长期坚持的方针；化肥的氮磷钾比例与品种结构应当进一步调整；化肥的分配与销售体制应进一步改进与完善；在增加化肥生产与进口、提高化肥用量的同时，必须十分重视增加有机肥用量与改进化肥的施用技术。

10月18～21日，本会微生物与菌肥专业委员会、中国土壤学会土壤生物与生化专业委员会、中国微生物学会农业微生物专业委员会联合主办的“第八次全国土壤微生物学术研讨会”在南京举行。来自18个省的111名代表参加了会议，收到论文116篇。

10月19日，本会在北京召开了第四届第二次全体理事会，会议由林葆常务副理事长主持，黄鸿翔秘书长就1995年、1996年两年的工作总结和今后两年的工作设想作了汇报，刘更另理事长以“保护耕地、培肥土壤、增产粮食”为题作了讲话。理事审议了理事会1995年、1996年工作，讨论了1997年、1998年的学会活动安排，提出应围绕“九五”计划和2010年远景目标的热点问题开展国内外学术交流活动。

12月21日，在广州华南农业大学资源环境学院，严小龙教授主持召开了广州地区植物营养与肥料青年科技工作者学术讨论会，会议中心议题为“面向21世纪，开创广东植物营养与肥料工作新局面”，代表认为，今后应该把工作重点放在指导农民科学施肥，走上规范化施肥的道路。

一九九七年

1 月 27 日，在北京召开第四届四次在京常务理事扩大会议。大家认为，要注意学科发展，对假冒伪劣肥料产品，应以科学的态度向有关部门反映，提出建议。

5 月 5 ～ 8 日，土壤肥力与管理专业委员会在北京召开了“97 全国土壤调理剂和肥料新品种新剂型研讨及产品展示会”，与会代表 129 人，收到论文（报告）54 篇。

5 月 24 ～ 27 日，本会土壤肥力与管理专业委员会和中国农业科学院土壤肥料研究所共同举办了“土壤水与土壤物理研究高级讲座”，由荷兰农业科学院土壤物理研究室主任 Henk Wosten 博士讲课，内容是：不同规模的土壤评价、利用土壤普查数据建立区域性土壤水模型、利用质地及其他土壤性质预测非饱和土壤水动力学函数、识别不同土层的导水率和持水曲线的程序、生成水动力学函数的 4 种方法函数灵敏度分析、利用模拟方法确定荷兰一种重黏土的水分有效性和迁移性、几种土壤水动力学参数的准确有效测定技术、主要输入变量的不确定性对模拟土壤性状的影响。50 多人参加了讲座。

6 月，根据《中共中央办公厅、国务院办公厅关于加强社会团体和民办非企业单位管理工作的通知》（中办发［1996］22 号）、《国务院办公厅转发民政部关于清理整顿社会团体意见的通知》（国办发[1997]11 号）和《农业部清理整顿社会团体工作实施办法》的要求，完成了全国性社会团体清理整顿报告书，上报农业部和民政部。

8 月 13 ～ 15 日，根际营养与施肥专业委员会会同中国微生物学会、中国土壤学会、中国林学会在北京召开了第七届菌根学术讨论会。来自 19 个省（市、自治区）的 70 名代表参加了会议，收到论文 48 篇。

8 月 19 ～ 22 日，有机肥与绿肥专业委员会和新疆土壤学会在乌鲁木齐市联合召开了“全国有机肥、绿肥学术研讨会”。来自 20 个省份的 77 名代表参加了会议，收到论文 5 篇。会议听取了新疆维吾尔自治区与新疆生产建设兵团发展有机肥与绿肥的经验介绍，参观了兵团农八师 148 团绿肥有机肥改土和棉花高产现场。

10月11～13日，本会与中国土壤学会在武汉共同举办了第六届全国青年土壤工作者与首届全国青年植物营养科学工作者学术研讨会，120多名代表参加了会议。共收到论文213篇，编入论文集的有论文143篇、论文摘要39篇。会上有10人作大会报告、5人作专题报告，88人在小组会上进行了交流。

一九九八年

1月20日，在北京召开了第四届五次在京常务理事会。

3月19～20日，在北京召开了第四届六次常务理事会，总结4届理事会工作，研究换届改选问题及1998年工作。对新一届理事会的组成、产生办法、开会时间、地点等取得了共识。

8月9～11日，本会与中国土壤学会在兰州市联合召开了“全国农业持续发展中的土壤－植物营养与施肥问题”学术讨论会。包括台湾代表10人在内的22个省、市、自治区170余人参加了会议。收到论文180余篇。

8月12～17日，本会与中国老科学技术工作者协会共同组织4名专家赴山东烟台开发区、海阳县等地，对肥料资源开发、海涂利用、苹果生产基地土壤培肥及肥料使用技术等问题进行考察和咨询，并提出相应的建议，受到当地领导的重视。

9月23～25日，本会土壤肥力与管理专业委员会召开了“旱地土壤管理与施肥技术”学术讨论会。邀请了加拿大和美国的学者与我国的学者一起进行交流与研讨，内容涉及粪肥的应用与管理、减少镉从土壤向植物的转移、硫肥使用技术、免耕体系下的肥料管理等。

9月30日，在北京召开了第四届七次常务理事会，决定本会第五届会员代表大会暨1998年年会延期至1999年3月底至4月初在广西桂林召开，会议认为，大会学术报告要围绕21世纪植物营养与肥料发展趋势来进行。

10月26～28日，本会肥料与环境专业委员会与中国科学院地理研究所等单位在北京联合举办了“跨世纪土壤环境保护战略研讨会”。农业部、教育部、中国科学院、煤炭工业局等部门的40多家单位的65名代表参加了会议。代表呼吁国家与公众要更加关注土壤环境保护问题，建议有关部门加大对土壤环境保护的治理投资与科研投入。

12 月 30 日，在北京召开了第四届八次在京常务理事会，决定 1999 年 4 月 6 ～ 10 日在桂林召开第五届会员代表大会暨 1998 年年会，并推荐了部分第五届理事候选人，落实了大会学术报告人员，通过了本会章程修改草案。

一九九九年

1 月 20 ～ 24 日，本会青年工作委员会在杭州主持召开了“21 世纪农业与植物营养研究中青年科学研讨会”。

1 月 26 ～ 29 日，学会派人员参加了中国科协组织人事部在广西北海市召开的 1998 年年度科技交流与联谊活动经验交流会。1999 年本会按照中国科协安排，组织了 4 批共 40 余名会员参加了在广西桂林、广西北海、海南、云南昆明和四川成都举办的联谊活动。

4 月 6 ～ 10 日，在广西桂林市举行本会第五届会员代表大会暨学术年会。来自 29 个省、市、自治区的科学研究、技术推广、大专院校、生产企业的会员代表、本会第四届理事会全体理事及国家有关部委、中国科学院、中国土壤学会、广西壮族自治区及桂林市有关部门的代表 180 余人出席了会议。大会由毛达如副理事长主持，张世贤副理事长致开幕词，黄鸿翔秘书长代表第四届理事会作工作报告，李家康副理事长作修改会章报告。经代表认真讨论，大会通过了第四届理事会工作报告与新的中国植物营养与肥料学会章程。会议选举产生了由 149 名理事组成的第五届学会理事会。在第五届一次理事会会议上，选举出 39 名（当时选出 39 名后增补 1 名）常务理事，并选举林葆为理事长，毛达如、邢文英、朱钟麟、吴尔奇、李家康、张世贤为副理事长，李家康兼秘书长，陈礼智、郭炳家为副秘书长。会议决定聘请陈华癸院士与刘更令院士担任本会名誉理事长，于学林、马毅杰、甘晓松（女）、孙政才、孙铁珩、杜亚光、陈谦、陈礼智、侯宗贤、赵振达、焦彬、蒋谐音（女）、李书琴（女）为荣誉理事。决定成立学术、教育、编译出版、科普开发、组织和青年 6 个工作委员会，金继运、毛达如、林葆、张世贤、李家康、张福锁分别担任主任委员，成立土壤肥力与管理、矿质营养与化学肥料、有机肥与绿肥、肥料与环境、微生物与菌肥、根际营养与施肥、测试与诊断7个专业委员会，蔡典雄、李生秀、张夫道、陈同斌、葛诚、李晓林、王旭分别担任主任委员。

在学术年会上，有15位专家作了大会报告，介绍信息技术应用、分区养分管理、定点平衡施肥、利用分子生物技术选育耐低养分新品种等方面的研究进展，展望了这些新技术的发展前景。

8月31日至9月8日，参加中国国际工程咨询公司组织的“全国沃土工程项目”的咨询工作，对湖南宁乡、湖北汉川和黄冈进行现场考察与评估。

9月21日，本会根际营养与施肥专业委员会与中国农业大学等单位联合在北京举办了畜禽废弃物资源化研讨会，包括特邀的日本畜禽粪便处理专家平井忍在内的60多人参加了研讨。

10月7～9日，本会植物营养与施肥专业委员会、矿质营养与化学肥料专业委员会、中国土壤学会土壤－植物营养专业委员会与山东省植物营养与肥料学会共同举办，山东省寿光市农业局承办的“全国蔬菜营养、品质与环境学术研讨会”在山东寿光举行。来自20多个省、市、自治区大专院校、科研单位、技术推广单位与肥料生产企业的代表及3名德国专家参加了会议，国家自然科学基金委员会、农业部、山东省农业厅、潍坊市农业局、寿光市农业局的领导与专家出席会议并作专题报告。会议收到论文70篇，32位中外专家在大会上进行了交流。会后代表参观了寿光市蔬菜批发市场和蔬菜高新技术开发园区。

二〇〇〇年

1月5～10日，参加“全国沃土工程项目”咨询，对广东的广州、深圳、江门、湛江等地进行现场考察与评估。

1月25日，在北京召开了第五届常务理事会第二次在京常务理事会，学习中办发［1999］34号文件精神和讨论高新技术产业化问题。

9月12～15日，本会青年工作委员会与中国土壤学会青年工作委员会共同举办了“第七届全国青年土壤暨第二届全国青年植物营养科学工作者学术讨论会”，来自全国19个省（市、自治区）的132名代表参加了会议，大会收到论文112篇，有70余篇在会上进行了交流。

9月25～26日，本会根际营养与施肥专业委员会、青岛市蔬菜办共同举办的“蔬菜营养与施肥培训班”在青岛举办，会议邀请了德国、英国、中国农业大学及当地的专家作学术报告，50 余人参加了培训。

11 月 16 ～ 18 日，本会与中国农业科学院土壤肥料研究所在云南昆明联合召开了“全国复混肥料高新技术产业化学术讨论会”。来自全国 25 个省（市、自治区）的 129 名代表参加了会议，有 17 位专家在大会上作了专题报告。这次会议是科研单位、技术推广单位与肥料生产企业在一起共同探讨我国复混肥发展，具有特色，意义深远。代表一致认为，复混肥是科学施肥提高到一个新水平的标志，是肥料发展的必然趋势；代表建议，加强新型肥料的研制，因地制宜发展多功能肥料；尽早制定肥料法，使肥料生产纳入法制轨道；清洁生产，保护环境；加强肥料质量监测，保护农民利益；加强肥料科研与肥效监控，为宏观调控肥料生产提供依据。

二〇〇一年

1 月 11 日，在北京召开了第五届第三次在京常务理事会，讨论西部大开发中如何发挥本学科的作用等问题。

4 月 9 ～ 11 日，本会教育委员会、中国土壤学会、高等农业院校教学指导委员会联合在中国农业大学召开了“全国农业资源与环境本科专业教学计划与教材建设研讨会”，来自 28 个农业院校及综合性大学资源与环境学院的代表 45 人参加了会议。代表对农业资源与环境的观念、本学科培养目标、教学计划及模式、核心课程、素质培养等达成了共识，并建议设立联谊会。

4 月 18 ～ 21 日，本会与中国微生物学会、中国土壤学会、中国林学会在武汉华中农业大学共同举办了“第八届全国菌根学术研讨会”，60 多人参加了会议，会议收到论文 40 余篇，邀请了来自法国、英国与德国的 6 位博士在会上作了专题报告。

5 月 13 ～ 17 日，中国土壤学会、中国植物营养与肥料学会、中国作物学会、中国园艺学会、中国地理学会、中国化工学会在福建厦门联合召开了“氮素循环与农业和环境学术讨论会”。23 个省、市、自治区的 100 余名代表参加了会议，还邀请了台湾中兴大学教授参加会议。收到论文 90 余篇，20 多位专家在大会上作专题报告，60 多位代表在分组会上进行了

交流。

5月21～22日，本会矿质营养与化学肥料专业委员会在陕西杨凌召开了“化学肥料应用及生态环境效益研讨会”，30余人参加了会议。

6月4～10日，对陕西杨凌农业示范区的世界银行贷款“农业发展科技推广项目”进行现场调研与评估。

8月18日，本会邀请了10多位专家召开了“土壤速测仪在测土施肥应用中问题研讨会”，就土壤速测仪的应用问题进行了研讨，对土壤速测仪的定位、测定项目、浸提剂等方面取得了一些共识。并对生产企业在测土配方施肥过程中的农化服务提出了建议。

8月24～27日，中国微生物学会、中国土壤学会及本会微生物与菌肥专业委员会在青岛市联合召开了“第九届全国微生物学术讨论会”，24个省、市、自治区的170名科研、教学和企业的代表参加了会议，会议邀请了李季伦院士、“中央大学”、东吴大学教授及美国、法国微生物公司代表参加会议。代表认为，当前土壤微生物的基础研究与应用研究遇到一些困难，但是在研究手段、技术、方法上仍有明显进展，在微生物资源调查、分类与分子生物学方面取得长足进步，生物固氮仍是最活跃的研究领域。会议对新世纪土壤微生物的发展提出了意见和建议，并强调今后应该进一步加强与企业的合作，加强微生物生产技术的研究，加强微生物与环境关系的研究。

9月27日，在北京召开了第五届四次在京常务理事会，讨论了第五届二次理事会的安排与增补常务理事有关事项。

11月20日，本会与加拿大钾磷研究所在广西联合举办了“中国磷肥应用现状与展望”学术研讨会，农业部、中国农业科学院、广西壮族自治区、广西农业科学院的领导、加拿大钾磷研究所（PPI/PPIC）总裁、嘉吉公司及第五届二次理事会全体代表及国内外专家150余人参加了会议。加拿大钾磷所副总裁做总结发言，指出中国耕地土壤仍然缺磷，农业生产中施磷肥有增产作用，但施磷的原则、施磷临界值、提高磷肥利用率等问题有待进一步深入研究。

11月21～22日，在广西南宁召开了第五届第二次理事扩大会暨学术年会，本会理事、工作机构负责人、会员单位负责人共150余人参加了会议。会议围绕西部大开发战略及农业结构调整中的土壤肥料问题进行了学术交流，会议收到学术论文40余篇，12位专家在会上作了学术报告。

11 月 24 ～ 25 日，参加中国国际工程咨询公司组织的“西部大开发苗木产业化示范工程”项目调研与评估工作。

12 月 26 ～ 28 日，本会青年工作委员会、耕作制度研究会、中国农业大学资源与环境学院在京共同举办了“间套作提高水肥利用效率”学术研讨会。30 余名代表出席了会议。

二〇〇二年

2 月 1 日，在北京召开了本会第五届五次在京常务理事扩大会议，讨论了学会分支机构的调整等问题。

3 月 7 ～ 8 日，本会测试与诊断专业委员会主持召开了“新型肥料登记、执法研讨会”，各省、市、自治区土肥站和 160 余家肥料生产企业代表围绕新型肥料登记管理、销售和执法问题进行研讨，并就加强市场管理、规范执法行为及加大对无证生产查处力度等问题提出意见。

4 月 5 日，本会山区开发与水土保持专业委员会与国家林业局全国山区综合开发办公室联合召开了“国际山区年与我国山区可持续发展研讨会”，来自国家科技部、国家林业局、中国科学院、中国农业科学院、中国林业科学研究院、中国农业大学、北京林业大学和河北农业大学等单位的领导与专家参加了会议。与会代表一致认为，2002 年既是“国际山区年”，又是“国际生态旅游年”，我国山区建设是个多学科、跨行业、跨部门的系统工程，应以区域发展为主攻方向，加快山区农民的收入增长，实现可持续发展。发展山区特色的安全食品产业是加快山区农民收入增长的重要手段。

7 月 6 ～ 7 日，在山西太原召开了本会第五届六次常务理事扩大会议，讨论了第六届理事会的规模与改选问题。

7 月 21 ～ 22 日，本会矿质营养与化学肥料专业委员会和中国土壤学会土壤与植物营养专业委员会联合主办，中国科学院新疆生态与地理研究所和新疆土壤肥料学会承办的“全国土壤－植物营养和肥料与生态环境安全学术讨论会”在新疆乌鲁木齐市召开，来自 17 个省、市、自治区的 120 余名代表出席会议，收到学术论文 50 余篇，有 15 位专家在大会上作报告，20 余位专家在小组会上进行了交流。内容主要涉及水肥调控机理与技术、

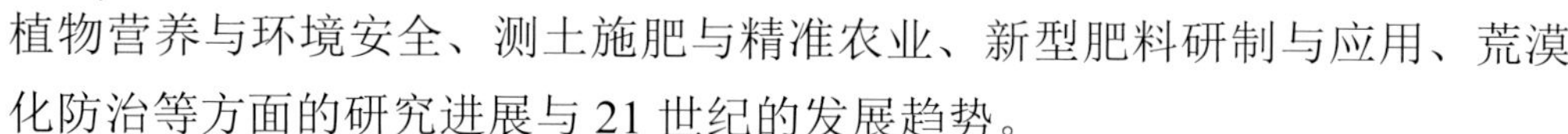

植物营养与环境安全、测土施肥与精准农业、新型肥料研制与应用、荒漠化防治等方面的研究进展与21世纪的发展趋势。

10月21～24日，本会主持的“全国新型肥料与废弃物农用研讨及展示交流会”在广东深圳市召开，来自25个省、市、自治区的100多位科研、教学、推广和企业代表参加了会议，20余人在大会上作了报告。代表认为，我国化肥利用率低与农业废弃物、城市废弃物污染环境是保障农业可持续发展急需解决的问题，应该加强科研、教学、推广和企业的合作攻关，研发新型缓控释肥及废弃物的资源化利用。代表建议中国植物营养与肥料学会应尽快筹备成立“新型肥料行业协会”。

11月3～6日，本会青年工作委员会和中国土壤学会青年工作委员会联合主办，福建省土壤学会承办的“第八届全国青年土壤科学工作者暨第三届全国青年植物营养与肥料科学工作者学术研讨会”在福州市召开。来自18个省、市、自治区的130多位代表出席了会议，会议收到论文90多篇，12位青年专家在大会上作了专题报告，还组织了6位青年代表就“土壤与环境”问题作了专场学术报告。

二〇〇三年

1月20日，在北京召开了第五届七次在京常务理事扩大会议，除总结2002年工作与安排2003年活动外，还研究了第六届会员代表大会的筹备事宜及本会分支机构的调整问题。

3月10日，本会发文民政部民间组织服务中心，申请调整专业委员会，拟保留肥料与环境专业委员会、微生物与菌肥专业委员会，将土壤肥力与管理专业委员会改为土壤肥力专业委员会，矿质营养与化学肥料专业委员会改为化学肥料专业委员会，根际营养与施肥专业委员会改为根际营养专业委员会，有机肥与绿肥专业委员会改为有机肥专业委员会，测试与诊断专业委员会改为农化测试专业委员会，山区开发与水土保持专业委员会改为特作施肥专业委员会。

3月31日，由中国农业科学院与农工民主党中央共同在北京为张乃凤先生举办了百岁华诞祝寿活动。农工民主党中央副主席朱兆良院士、中央统战部、农业部、中国农业科学院、农工民主党北京市委的领导致辞，

170 多人参加了祝寿活动。大家认为，张乃凤先生是我国现代土壤肥料科学的开拓者之一，他从 1931 年回国以后一直致力于化学肥料的试验研究工作，至今已经 70 余年，为我国化肥生产、分配和使用提供科学依据。他以自己的卓越贡献为我们树立了一个爱国、务实、奋进的中国知识分子形象。祝寿活动后，由本会与中国农业科学院土壤肥料研究所联合召开了“现代土壤肥料研究学术讨论会”，中国科学院院士朱兆良、中国工程院院士刘更另等 7 位专家分别就“土壤中的氮素研究问题”、“植物 - 土壤相互作用及其调控”、“中国数字土壤的构建与应用”、“土壤养分精准管理与肥料资源科学利用”等问题作了专题报告。专家指出，发展现代土壤肥料科学，要结合科技基础平台建设，加强科技资源的收集与发掘利用，推进自然科学数据共享，加快建设农业科技信息平台与农业科技成果转化，加强农业应用基础研究，加强信息技术等高新技术研究。

9 月 15 ～ 19 日，本会在内蒙古包头主持召开了“全国新型肥料产业化研讨展示暨协会筹备会”、“包头市废弃物资源化利用研讨会”。来自 20 多个省、市、自治区的 120 余名代表出席了会议。会议收到论文 40 余篇，20 多位代表在会上作了报告。代表建议国家及早制定“肥料法”，建议加强高效施肥、提高化肥利用率和农产品质量的研究，支持建立全国性的长期试验与监控网络，同意组建新型肥料产业化协会。

9 月 21 ～ 23 日，由本会微生物与菌肥专业委员会、中国微生物学会农业微生物专业委员会、中国土壤学会土壤生物与生物化学专业委员会联合主办，农业部微生物肥料质检中心、江苏省微生物研究所和无锡鸣放生物设备制造有限公司共同承办的“第二届全国微生物肥料生产应用技术暨产品展示会”在无锡召开。来自 25 个省、市、自治区的 200 余名代表出席了会议，会议收到论文 65 篇，包括李季伦院士在内的 12 位专家就发酵技术进展、微生物生态学、微生物肥料标准建设等问题作了专题报告，还安排了 20 位代表就微生物肥料的应用效果、产品质检技术等做了发言。代表指出，我国微生物肥料生产企业已经超过 500 家，总产量超过 400 万 t，产品种类大致 11 类，产品质量逐步提高，现在已有 281 个产品获得临时登记，84 个产品获得正式登记。我国微生物肥料的应用已经在改善农产品品质、减少化肥用量和提高农业经济效益方面取得了显著的作用。为了促进微生物肥料产业更好地发展，代表认为，有必要成立行业协会，建议尽快成立筹备组开展筹备工作。

二〇〇四年

1月5日，在北京召开了第五届八次在京常务理事扩大会议，林葆理事长就第六届会员代表大会的筹备情况做了汇报与说明。

4月20日，在江西南昌召开了本会第五届第九次常务理事会及第五届第三次理事会。会议审议通过了第五届理事会工作报告、关于修改中国植物营养与肥料学会章程和会费标准问题的报告，提交第六届会员代表大会审议。

4月21～22日，在江西南昌召开了中国植物营养与肥料学会第六届会员代表大会，出席会议的有来自30个省、市、自治区的会员代表、本会第五届理事会理事及有关部门代表共240余人（图5）。江西省政府及江西省有关单位领导出席会议祝贺并讲话。李家康副理事长兼秘书长代表第五届理事会作工作报告，并就会章修改及会费标准问题做了说明。经代表审议，通过了第五届理事会工作报告，同意会章修改意见及会费标准修改意见，并选举产生了由151名理事（会后又增补了1名）组成的本会第六届理事会。在随即召开的第六届一次理事会会议上，选举产生了51名常务理事，金继运研究员当选为理事长，刘更另院士、朱兆良院士和林葆研究员被聘为本会名誉理事长，毛端明、王寿延、刘翔、刘国坚、刘宗衡、吴尔奇、吴忠厚、张皆录、李志荣、杨堮、唐近春、郭庆元、郭廷彬、曹一平、黄鸿翔、樊永言为荣誉理事，毛达如、张世贤、朱钟麟、奚振邦、毛炳衡、李生秀、李学垣、谢建昌为学术顾问，李家康为秘书长，郭炳家为副秘书长。决定成立学术、教育、编译出版、科普、组织、青年6个工作委员会，梁永超、张福锁、金继运、高祥照、张维理、周卫分别担任主任委员，成立土壤肥力、矿质营养与施肥、肥料与环境、有机肥料、根际营养、农化测试、新型肥料、微生物与菌肥8个专业委员会，徐明岗、白由路、陈同斌、沈其荣、李晓林、王旭、张夫道、沈德龙分别担任主任委员。

结合代表大会举行的“土壤肥料与无公害农业学术讨论会”，共收到论文60多篇，有16位专家在大会上作了学术报告。

4月24日，本会与中国农学会耕作制度分会、中国农业科学院节水农业综合研究中心、中国农业科学院土壤肥料研究所、莱阳农学院共同举办的“全国节水农业理论与技术学术讨论会”在山东莱阳召开。120多名代

图5 中国植物营养与肥料学会第六届会员代表大会暨学术年会合影

表出席了会议，收到学术论文65篇。在学术交流的基础上，代表就今后节水农业的研究方向与重点提出了5点建议：开展节水农业理论研究；总结整合我国节水经验，使节水技术逐步协同化、标准化与高效化；推动高新技术在节水中的应用；充分发挥土壤水库在节水中的作用；构建及完善节水农业科技平台。

6月20日，根据第六届代表大会的关于专业委员会的决定，本会发文农业部劳动人事司申请将化学肥料专业委员会、农化测试专业委员会和特作施肥专业委员会分别更名为矿质营养与施肥专业委员会、农化分析与监测专业委员会和新型肥料产业协会。

9月24日，为了保持专业委员会名称的一致，本会再次发文民政部民间组织管理局，要求将原来的特作施肥专业委员会更名为新型肥料专业委员会。

10月12～16日，由中国科学院主办，国家自然科学基金委员会、中国科学技术协会、农业部、国家环保总局、国家海洋局、江苏省人民政府、日本国家农业环境科学研究所、国际氮素组织、日本氮肥公司协办，中国科学院南京土壤研究所、土壤和农业可持续发展国际重点实验室和中国土壤学会为组织单位，本会与中国生态学会、中国环境科学学会为协助组织单位的“第三次国际氮素大会”在南京市召开。40个国家与地区的417名代表参加了会议，37位专家在大会上作了学术报告。

11月1～3日，本会青年工作委员会与中国土壤学会青年工作委员会联合主办，四川省土壤学会、中国科学院成都山地灾害与环境研究所、四川大学资源学院与四川省农业厅承办与协办的“第九届全国青年土壤科学工作者和第四届全国青年植物营养与肥料科学工作者学术讨论会”在四川成都召开，180余名青年代表参加了会议，收到论文145篇。其中有110篇编成论文集出版。与历次会议比较，本次会议的特点是：通过互联网发布会议信息和注册；开展了会旗与会徽征集活动；会前出版论文集；开展了优秀墙报、优秀学术报告和优秀组织奖评选活动。

11月20～22日，本会和中国农业科学院土壤肥料研究所共同主办的“全国土壤肥力演变规律与可持续利用学术研讨会”在北京举行，80余人参加了会议，刘更另院士到会讲话。会上通报了国家野外台站发展规划，讨论了土壤肥力监测网络建设构想，并对监测基地工作举行了总结与布置。

12月7～11日，由民政部、国家发改委、国务院国资委共同在北京展览馆举办“全国行业协会成就汇报展览会”，有 465 家协会（学会）参展。我会组织了“新型肥料技术研究与产业化”、“高效土壤养分测试与推荐施肥系统”、“我国微生物肥料行业发展状况及标准体系的建设”三个内容参展。农业部系统 54 个社团有 11 个参展，共有 21 个展位，我会即占有 3 个展位。全国人大韩启德副委员长等多位领导同志亲临我会展位认真观展及询问，给予了良好的评价。

二〇〇五年

1 月 25 日，在北京召开了在京常务理事扩大会议。本会原设立的特作施肥专业委员会经主管部门和民政部批准，正式更名为新型肥料专业委员会。并决定开始筹备成立“肥料名词专业委员会”。

4 月 21 ～ 24 日，本会青年工作委员会与华中农业大学合作在武汉首次举办了“植物营养学高峰论坛”。20 多个科研与教学单位的代表围绕植物营养学科技创新的方向与技术支撑、学科建设进展与经验、植物营养学高层次学术型与应用型人才培养模式的建立与实践等问题进行了交流与研讨。

5 月 18 ～ 20 日，在天津市津南区国家农业科技园区，本会新型肥料专业委员会主持召开了“全国新型肥料技术研讨、展示会”，来自全国各地的 80 余名代表参加了会议，20 多位专家学者和企业代表作了专题报告。代表呼吁大力发展环境安全型与资源节约型肥料，努力提高化肥利用率与增加有机肥的施用，努力提高耕地质量。

8 月 11 ～ 13 日，本会农化测试专业委员会主办，国际化肥质量监督检验测试中心（北京）和山东省土肥站、青岛市土肥站承办的“全国耕地与肥料质量标准化研讨会”在青岛召开，有关的科技、教学、推广和生产企业代表 100 余人参加了会议，20 多位专家在会上作了专题报告，就我国耕地质量监测与评价技术标准、肥料新产品质量标准及测定方法、肥料分类与名称规范、废弃物利用与限定指标等进行了交流与研讨。

8 月 26 ～ 28 日，本会和新疆生产建设兵团农业局、新疆农垦科学院共同主办，新疆石河子市协办的“全国节水灌溉精准施肥学术研讨会”在新疆石河子市召开。20 多个省、市、自治区和新疆生产建设兵团的 100 余名代表出席了会议，20 多人在会上作了专题报告。石河子市推广节水灌溉

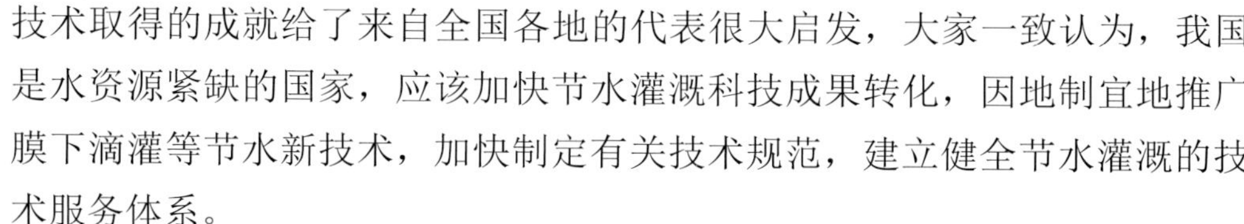

技术取得的成就给了来自全国各地的代表很大启发，大家一致认为，我国是水资源紧缺的国家，应该加快节水灌溉科技成果转化，因地制宜地推广膜下滴灌等节水新技术，加快制定有关技术规范，建立健全节水灌溉的技术服务体系。

9 月 14 ～ 19 日，“第十五届国际植物营养大会”在北京召开，我会金继运理事长、林葆名誉理事长应邀参加了会议。

10 月 21 ～ 23 日，我会与中国土壤学会、中国微生物学会和中国林学会联合主办，中国农业大学承办的“第九届全国菌根学术研讨会”在北京召开，来自 17 个省、市、自治区的 122 名代表参加了会议，会议收到论文 75 篇，其中 70 篇论文在会上进行了交流。反映出近年来，我国在污染物的生物修复、丛枝菌根的营养特性与分子生物学、菌根生态学、药用植物的菌根作用等方面取得了重要进展。与会代表决定成立中国菌根联合会。

二〇〇六年

1 月 16 日，在北京召开了在京常务理事扩大会。

4 月 24 ～ 26 日，本会化学肥料专业委员会主持的“第一届全国化学肥料应用学术研讨会”在湖北武汉召开。

5 月 28 日至 6 月 1 日，本会有机肥料专业委员会主持的“全国首届有机肥、有机无机复混肥和微生物有机肥学术研讨及产品交流会”在江苏苏州召开。会议对固体废弃物产业化及成立有机肥料协会等问题提出了建议。

8 月 20 ～ 22 日，本会微生物与菌肥专业委员会、中国微生物学会、中国土壤学会共同主办的“第十届全国土壤微生物学术讨论会暨第三届全国微生物肥料生产应用技术研讨会”在山东泰安召开，39 位专家作了专题报告。会议还对微生物肥料产业发展及筹备成立微生物肥料行业协会等问题提出了建议。

8 月 26 ～ 27 日，本会菌根专业委员会与中国土壤学会植物营养专业委员会联合主办的“根际研究高级论坛”在北京召开，会议交流了我国根际研究的新进展，专家指出，根际生物间的相互作用，特别是根际对话、根的形态建成和根际调控等将会成为今后的研究热点与创新领域。

10 月 16 ～ 17 日，本会主持的“肥料资源高效利用与耕地保育学术讨论会”在武汉召开，13 位专家在会上作了专题报告。

10 月 22 ～ 24 日，本会青年工作委员会与中国土壤学会青年工作委员会共同主持的“第十届全国青年土壤科学工作者与全国第五届全国青年肥料科学工作者学术讨论会”在南京召开，还邀请了 7 位知名专家作了专题报告，65 位青年学者在会上进行了交流研讨。

10 月 15 日，在湖北武汉召开了常务理事扩大会，审议并通过了第六届二次理事扩大会的筹备安排、理事会工作报告和增补理事等事项。

10 月 17 日，在湖北武汉召开了本会第六届二次理事扩大会，70 位理事、24 位常务理事及部分理事会顾问、工作（专业）委员会负责人、本会学术刊物负责人出席了会议。会议听取并审议通过了李家康秘书长代表六届理事会作的工作报告，听取并审议了张成娥副主编做的《植物营养与肥料学报》编辑部的工作汇报和黄鸿翔主编做的《中国土壤与肥料》编辑部的工作汇报，讨论并通过了增补中国氮肥工业协会孔祥琳、中国磷肥工业协会张永志、中国农业生产资料流通协会崔培新、广东省农业科学院土壤肥料研究所杨少海、河北省农业科学院资源环境研究所刘孟朝、山东省农业科学院土壤肥料研究所刘兆辉为我会理事。

11 月 14 ～ 15 日，由本会农化测试专业委员会与国家化肥质量监督检验测试中心（北京）联合主办的“农业部肥料登记第一期相关标准培训及产品技术交流会”在北京召开，会议就肥料登记程序、登记资料要求、水溶肥料检验技术规范、水溶肥料包装标志与监督抽查等进行了培训，还就测土配方施肥等问题请专家作了专题报告。

12 月 11 ～ 13 日，由本会农化测试专业委员会与国家化肥质量监督检验测试中心（北京）联合主办的“农业部肥料登记第二期相关标准培训及产品技术交流会”在北京召开，会议就肥料登记管理、产品检验等问题作了专题讲座，就登记肥料标准、新型肥料研发与应用问题进行了交流研讨，还邀请专家对新型肥料市场前景等问题作了专题报告。

二〇〇七年

2 月 5 日，在北京召开了本会在京常务理事扩大会议，会议讨论了召开本会第七次会员代表大会的有关事宜。

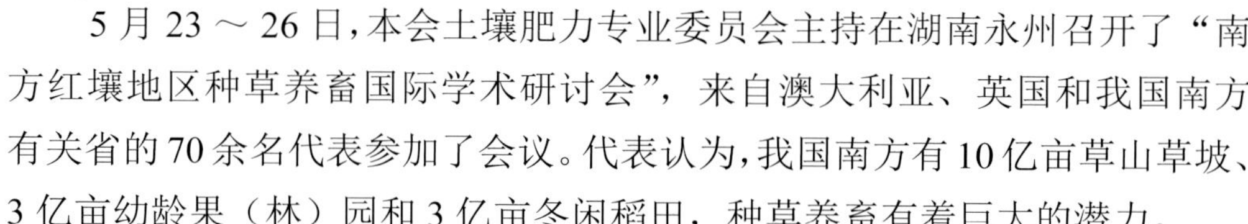

5月23～26日，本会土壤肥力专业委员会主持在湖南永州召开了“南方红壤地区种草养畜国际学术研讨会”，来自澳大利亚、英国和我国南方有关省的70余名代表参加了会议。代表认为，我国南方有10亿亩草山草坡、3亿亩幼龄果（林）园和3亿亩冬闲稻田，种草养畜有着巨大的潜力。

6月25～26日，本会土壤肥力专业委员会主办，黑龙江省土壤肥料学会和省农业科学院土壤肥料研究所承办的“全国土壤质量与碳氮循环学术研讨会”在哈尔滨召开，13个省（市、自治区）的100多名代表参加了会议。会议收到论文45篇，30多位专家在会上作了专题报告。代表一致认为，土壤质量是决定土地生产力的关键因素，制约着我国的粮食安全，一些地区对土壤的不合理利用导致了土壤的退化，特别是黑土的退化问题必须引起足够的重视。

9月16～17日，由本会学术委员会主办、青岛农业大学资源与环境学院承办的“中国植物营养与肥料学科高峰论坛”在山东青岛举办，100余名代表参加了会议，20多位专家围绕会议主题“植物营养与肥料持续创新与协调发展”在大会上作了学术报告。

10月14～15日，由本会有机肥料专业委员会、肥料与环境专业委员会主办，中国农业大学资源与环境学院、中国科学院地理与资源研究所、寿光市人民政府、寿光蔡伦中科肥料有限公司承办的“第二届全国有机肥、有机无机复合（混）肥和微生物有机肥学术研讨暨产品展示会”在山东寿光举行，来自全国各地的200余名代表参加了会议。

10月26～28日，由本会新型肥料专业委员会与山东省土壤肥料学会共同主办，山东金沂蒙生态肥业有限公司、山东烟台五洲施得富肥料有限公司承办的“全国新型缓/控释肥料研究应用论坛”在山东临沂召开，来自科研、教学、推广和生产战线的100多位代表参加了会议。

二〇〇八年

1月5日，在北京召开了本会在京常务理事扩大会议，在京的常务理事及本会名誉理事长、顾问、理事、荣誉理事、工作及专业委员会主任共60余人参加了会议，会议对召开本会第七届会员代表大会的若干具体事宜取得了共识。

1 月 19 日，由本会主办、深圳芭田生态工程股份有限公司协办的“肥料与食物链营养学术讨论会”在北京中国农业科学院召开。农业部原部长陈耀邦，中国工程院院士、中国食物营养咨询委员会主任卢良恕，中国工程院院士、本会名誉理事长刘更另、林葆，理事长金继运，芭田生态工程股份有限公司董事长黄培钊等 30 余人参加了会议。卢良恕院士作了“用科学发展观指导我国制造业生产和科学施肥工作”的报告，刘更另院士作了“现代农业中植物营养与肥料在食物链营养中的重要作用”的报告，林葆等专家也在会上作了专题报告。陈耀邦部长在会上讲话，他指出，管好食物链的养分已经成为中国植物营养与肥料科学工作者的重要使命，一定要深入研究探索新的食物链管理政策和技术，进一步推动我国有机、无机肥料资源合理配置和高效利用，实现为作物优质高产和保护生态环境双赢目标做出贡献。

4 月 14 日，在海南海口召开了本会常务理事扩大会议，审议并原则通过了第七届会员代表大会的议程、第六届理事会工作报告与学会章程修改报告等事宜。

4 月 15 ～ 17 日，本会第七届会员代表大会暨学术讨论会在海南海口召开（图 6）。大会由罗奇祥副理事长主持，金继运理事长致开幕词，李家康秘书长代表第六届理事会作工作报告，并就会长修改暨会费收取问题做了说明。与会代表审议并一致通过了第六届理事会工作报告，同意了会长修改及会费收取标准的调整。大会选举产生了本会第七届理事会 168 名（会员代表大会时选举 163 名后又增补 5 名）理事。

在以“现代农业中的植物营养与肥料科学”为主题的学术讨论会上，刘更另院士作了社会主义市场经济条件下如何发展现代农业和做好土壤肥料工作的报告，朱兆良院士作了有关我国农业中氮肥回收率与利用率的报告，金继运、沈其荣、李春俭、漆智平、施卫明、高祥照、涂仕华、陈同斌等专家也在全体大会上作了专题报告，58 位专家在土壤养分与地力提升、肥料资源与高效利用、植物营养生物学 3 个分会场作了学术报告。代表经过热烈讨论，一致认为，政府近年来加大了对土壤肥料工作的投入力度，为植物营养与肥料科学的发展提供了良好的机遇，我们应该团结起来，努力开拓创新，做出新的贡献。

4 月 17 日，在海南省海口市召开了本会第七届一次理事会，选举产生了 56 名（后增补 4 名）常务理事。随即召开了第七届一次常务理事会，

图6　中国植物营养与肥料学会第七届会员代表大会暨学术研讨会合影

选举金继运任理事长，张维理、罗奇祥、陈明昌、张福锁、施卫明、高祥照、徐茂任副理事长，白由路为秘书长，聘请林葆、刘更另、朱兆良为名誉理事长，毛达如、张世贤、朱钟麟、奚振邦、毛炳衡、李生秀、李学垣、谢建昌、李家康、黄鸿翔、曹一平、唐近春、王运华为学术顾问，赵林萍、魏丹、刘宝存、同延安、杨少海、洪丽芳为副秘书长，决定成立学术、教育、编译出版、科普、组织、青年 6 个工作委员会，梁永超、张福锁、金继运、高祥照、张维理、王朝辉分别担任主任委员，成立土壤肥力、化学肥料、肥料与环境、有机肥料、根际营养、农化测试、新型肥料、微生物与菌肥 8 个专业委员会，徐明岗、周卫、陈同斌、沈其荣、李晓林、王旭、赵秉强、沈德龙分别担任主任委员。聘请宋长青、张夫道、范可正、王金等、孙建奇为荣誉理事。

5 月 11 ～ 12 日，本会青年工作委员会与中国土壤学会青年工作委员会共同主办，西北农林科技大学、黄土高原土壤侵蚀和旱地农业国家重点实验室承办的“第十一届全国青年土壤科学工作者暨第六届全国青年植物营养与肥料科学工作者学术讨论会”在山西杨凌召开，来自 40 多个科研院所与高校的 200 多名青年代表，以及 100 多名西北农林科技大学师生参加了会议。赵其国院士、朱兆良院士与周健民研究员等学者作了特邀报告，72 位青年科技工作者在“土壤与环境”、“土壤肥力与肥料”与“植物营养学”3 个分会场上作了学术报告。青年科技工作者就土壤与植物营养学科技领域的重要理论、科研热点、最新进展，以及创新方法与关键技术等进行了广泛的交流与研讨。

10 月 13 ～ 16 日，由本会与国际植物营养研究所、江西省科学技术协会、江西省农业科学院、中国农业科学院农业资源与农业区划研究所共同主办，江西省国际科技交流协会、江西省土壤学会、广东省农业科学院土壤肥料研究所、加拿大钾肥公司协办的“农业持续发展中的植物养分管理国际学术讨论会”在江西南昌召开，来自中国、美国、英国、加拿大、日本、菲律宾、印度、巴基斯坦、印度尼西亚、马来西亚、波兰、埃及、阿根廷、韩国等 14 个国家的 190 余位专家学者参加了会议。中国科学院院士朱兆良、中国科学院院士赵其国、中国工程院院士刘更另、国际植物营养研究所总裁 Terry Roberts、国际植物营养研究所副总裁 Adrian Jolmvtonvt、本会理事长金继运、美国内布拉斯加林肯大学 Haishun Yang 博士、国际植物营养研究所印度项目部 Kaoshik Majumdar 博士、江西省农业科学院罗奇祥研究员、中国农业科学院农业资源与农业区划研究所张维理副所长等12位专家作了主题报告，来自菲律宾、印度、巴基斯坦、印度尼西亚、马来西亚、波兰、埃及、阿根廷、韩国和中国的33位专家作了大会报告。会议共收到论文100余篇，正式出版的论文集收录了其中的96篇论文，包括中文文献51篇，英文文献45篇。

10月26～30日，由农业部主办，本会有机肥专业委员会和南京农业大学、江苏省土肥站承办的“固体废弃物资源化利用现场会暨第三届中国有机（类）肥料产业技术交流会”在江苏无锡召开。来自90多家单位的300余名代表参加了会议。与会代表参观了江苏省固体有机废弃物资源化高技术研究重点实验室、资源节约型肥料教育部工程研究中心及创新研究与产业化开发中试基地。代表围绕我国有机（类）肥料的产业发展、经济效益、食物效应，废弃物资源化的国家政策扶持等问题进行了广泛的交流与深入的探讨。美国俄亥俄州立大学Dick教授也介绍了美国堆肥产业的发展情况。代表认为，我国是全球化肥使用量最大的国家，氮素化肥利用率仅为3%左右，但是我国每年产生了大量固体废弃物的农田利用率不足20%，大部分散失于环境中，成为了水体富营养化的主要贡献者。加强固体废弃物的有机肥转化在我国具有特别重大的意义。

11月17～19日，由本会植物营养专业委员会主持的“根际生物互作及效应学术讨论会”在北京召开，会议得到中国农业大学“土壤－植物研究中心”引智项目计划的支持，邀请了英国York大学Alastir Fitter教授等7位国际知名专家作学术报告，100多位代表参加了会议。

12月25～26日，由本会植物营养专业委员会主办，黑龙江农业科学院土壤肥料研究所承办的“连作大豆根际变化规律与调控”学术研讨会在哈尔滨召开。

12月26日，本会第七届第二次常务理事扩大会在北京召开，会议由金继运理事长主持，农业部副部长张桃林到会讲话，本会名誉理事长刘更另、林葆参加了会议并讲话，白由路秘书长汇报了2008年工作总结和2009年工作计划。经讨论，会议对以下议题取得了共识：①同意本会申请加入中国科协成为团体会员，责成学会办公室积极准备材料，尽早上报。②加强与肥料生产、流通领域的沟通与交流是十分必要的，应充分符合各专业委员会的作用，也可考虑成立一个工作委员会专门从事这方面工作；关于植物营养生物学专业委员会问题，会议认为待条件成熟后考虑。③会议确定了各工作委员会与专业委员会的组建原则是，每个委员会设主任委员1人，副主任委员3～5人，委员若干（不超过20人），要求主任委员不再兼任其他委员会的职务。④本会会费标准为：事业单位团体会员每年1000元、企业单位团体会员每年5000元、届内理事每年1000元。常务理事每年3000元。秘书长、副理事长每年5000元、理事长每年10 000元。⑤加强与省级对口学会的联系。⑥为政府提供决策咨询是学会的重要工作，应大力加强。⑦由组织委员会牵头、青年委员会协助，开展青年优秀论文评奖活动。⑧责成办公室尽快进行本会会徽设计，再讨论选择决定。

该年，本会推荐的“大田作物缓控释肥料”经评审，获得了神农中华农业科技一等奖。

二〇〇九年

6月30日，本会农化测试专业委员会在北京召开了土壤调理剂生产企业座谈会，对土壤调理剂的适宜土壤范围、试验效果和评价技术要求、产品检验和企业标准等进行了研讨。

7月9日，本会农化测试专业委员会在北京再次召开了土壤调理剂生产企业座谈会，对土壤调理剂的适宜土壤范围、试验效果和评价技术要求、产品检验和企业标准等进行了研讨。

7月15～19日，本会根际营养专业委员会在青岛召开讨论会，就根际营养研究的重点与热点问题进行了交流。

7月28日，农化测试专业委员会在北京组织召开了28人参加的单质含硼微量元素肥料座谈会。近几年，单质含硼微量元素肥料登记数量和类型不断增加，工艺特点有所不同，产品特性和使用方法也不尽相同。本次会议针对该类肥料的发展特点，研究和探讨了产品技术指标要求、检验方法和企业标准等相关问题。

7月29日，本会召开了常务理事扩大会。

8月17～19日，本会土壤肥力专业委员会和中国土壤学会土壤肥力与肥料专业委员会联合主办、吉林省土壤学会承办的“全国土壤培肥及高效施肥技术研讨会”在长春召开，来自全国17个省、市、自治区的162位代表参加了会议，20位专家作了学术报告。在开幕式上，本会土壤肥力

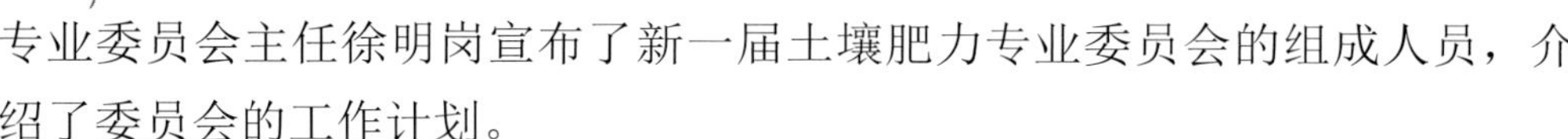

专业委员会主任徐明岗宣布了新一届土壤肥力专业委员会的组成人员，介绍了委员会的工作计划。

8月间，本会青年工作委员会组织了土壤与植物营养专业的研究生志愿者6人历时12天对内蒙古8个旗县的测土配方施肥实施情况进行了调研，为客观评价内蒙古配方施肥工作效果提供了翔实的数据资料。

9月9～13日，由中国农科院农业资源与农业区划研究所、甘肃省农业科学院、中国植物营养与肥学会、甘肃省农业厅联合主办，甘肃省农业科学院土壤肥料与农业节水研究所、甘肃省农业节水与土壤肥料总站承办的“全国绿肥作物生产与利用技术（西北旱区）现场观摩会”在甘肃省召开，来自全国22个省、市、自治区的160多名代表参加了会议。这是我国绿肥行业近20年来首次召开的全国性会议，代表考察了金昌市、凉州区、山丹县和玉门市的绿肥种植现场，交流讨论了绿肥专项全部15个课题的研究进展与各地绿肥发展经验。代表认为，绿肥作物是我国传统的、有效的养地作物，是纯天然、无污染的研究肥源，我国季节性闲置土地面积巨大，并且许多作物还存在通过间套作方式插入绿肥，因此，种植绿肥并不会与粮油作物争地，而且我国土地资源紧缺，不可能通过休闲来恢复地力，通过种植绿肥保育土地对于我国就具有特殊的意义。代表希望，以这次会议为契机，进一步搭建绿肥研究平台，充分开展合作，推动我国绿肥行业的发展。为了使绿肥更好地适应现代农业的需要，绿肥专项首席专家曹卫东博士提出，应当调整与发展绿肥的内涵，把绿肥重新定义为：“一些作物，可以利用其生长过程中所产生的全部或部分绿色体，直接或间接翻压到土壤中作肥料，或者是通过它们与主作物的间套轮作，起到促进主作物生长、改善土壤性状等作用，这些作物称为绿肥作物，其绿色体称为绿肥。”

10月30日至11月1日，本会新型肥料技术专业委员会与“农资导报”主办，深圳芭田生态工程股份有限公司协办的“首届全国新型肥料学术研讨会”在北京召开，会员代表认为，发挥新型肥料的优势，尤其需要重视科学施肥，只有针对肥料特点，采用配套施肥技术，才能大幅度提供肥料利用率，实现“以质量代替数量”的发展模式。

11月1～4日，本会有机肥料专业委员会在安徽蚌埠举办了“第四届中国有机肥研究学术交流会暨中国有机（类）肥料产业技术创新战略联盟成立大会”，来自管理部门、生产企业、科研教学与技术推广单位的312

名代表参加了会议。

12 月 3 日，本会召开了常务理事扩大会。

在 2009 年，本会肥料与环境专业委员会召开了“有机废弃物资源化与有机肥产业化会议”。本会推荐的“不同营养遗传类型玉米营养特性及其规律研究”获得了中华农业科技奖二等奖。

二〇一〇年

1 月 6 日，本会在北京召开了在京常务理事会，金继运理事长主持会议，白由路秘书长汇报 2009 年工作总结和 2010 年工作计划。会议决定于 2010 年 7 月在宁夏召开本会第七届第二次理事会暨土壤肥料资源高效利用学术讨论会；同意成立产业化工作委员会，同意增补部分理事，要求加强与农业部有关部门、全国土肥站系统、生产企业的联系沟通，开展协作交流。

1 月 18 ～ 21 日，本会与北京土壤学会、中国农业科学院、中国农业大学联合主办的“长期试验与土壤肥料资源高效利用学术研讨会”在北京召开，100 余名代表参加了会议。会议的 32 个报告涉及 28 个土壤肥料长期试验的土壤物理、化学、微生物和酶性质，以及主要粮食作物产量与品质的长期演变特征。与会代表认为，应该通过大协作，围绕持续提升农田地力等科学问题进行研究，为国家提高粮食生产能力做出贡献。

6 月 27 ～ 30 日，由中国植物营养与肥料学会等单位举办的“农业土壤固氮减排与气候变化”国际学术研讨会在北京召开，来自中国、美国、英国、法国、日本、澳大利亚、印度等国的 100 余名代表出席了会议。本会土壤肥力专业委员会主任、中国农业科学院农业资源与农业区划研究所副所长徐明岗主持了开幕式。在 3 天的会议上，40 余名代表作了大会报告，交流了农业土壤固碳减排方面的最新研究成果。

6 月 30 日，本会第三、四届理事长，第五、六、七届名誉理事长，原中国农业科学院副院长，中国工程院院士刘更另不幸逝世。

7 月 16 ～ 18 日，本会第七届理事扩大会暨 2010 年学术年会在银川市召开，300 多名代表参加了会议。大会开幕式由高祥照副理事长主持，金继运理事长致开幕词，宁夏回族自治区主席助理屈冬玉、宁夏农林科学院院长刘荣光、中国农业科学院农业资源与农业区划研究所所长王道龙讲话并祝大会圆满成功。

在以“发展植物营养与肥料科技，保障国家粮食安全”为题的学术年会上，朱兆良院士作了“关于推荐施肥的方法论——区域宏观控制与田块微调相结合的理念”的报告、屈冬玉主席助理作了“科技创新与农业发展方式的转变”的报告，李荣、李家康、徐明岗、李晓林、白由路、施卫明等专家也就高效施肥、土壤肥力演变等微调作了学术报告。另有36位代表在“土壤培肥与环境”、“肥料资源与高效利用”、“植物营养生物学”3个分会场上作了学术报告。

在理事会会议上，白由路秘书长作了工作报告。理事讨论通过了报告，并补选了王道龙、李荣、罗晶、樊小林为本会常务理事，通过各省自荐与理事投票表决，决定本会下届会员代表大会在广州召开。理事会还决定，以加入中国科协成为中国科协团体会员为契机，加强本会的制度化建设，要规范专业委员会设置，更好地与学科建设相结合；建立分支机构的工作规范；规范理事考核制度，改进理事提名与更换制度，每届改选1/3理事与常务理事。

7月20日，白由路秘书长代表学会参加了中国科学技术协会组织的团体会员申请答辩会，会上用PPT介绍了中国植物营养与肥料学会发展过程、内部管理及加入中国科协的必要性等。

9月24～27日，本会新型肥料专业委员会、“农资导报”、山东省济南市农业局、山东省平阴县人民政府联合主办，济南乐喜施肥料有限公司承办，深圳芭田生态工程股份有限公司等6家企业支持的“第二届新型肥料学术研讨会”在山东济南召开，近300人参加了会议。会议以“简化、高效、环保，让缓释肥走向大田，建设有中国特色缓释肥料体系”为主题，30多位代表作了学术报告，围绕缓释肥料材料、工艺、设备的发展与创新，缓释肥料简化、高效施用方法与技术，缓释肥料节能降耗、降低成本，缓释肥料发展政策与标准体系建设等问题进行了交流与探讨。

9月间，本会派员参加了由中国科协组织赴云南文山的大型科技下乡活动，并为当地100余人进行了测土配方施肥科技讲座。

10月19～21日，由中国微生物学会农业微生物专业委员会、中国土壤学会土壤生物与生物化学专业委员会、中国植物营养与肥料学会微生物与菌肥专业委员会和农业部微生物肥料和食用菌菌种质量监督检验测试中心共同主办的“第十一届全国土壤微生物学术讨论会暨第六次全国土壤生物与生物化学学术讨论会、第四届全国微生物肥料生产技术研讨会”在湖南长沙召开，来自29个省、市、自治区的289位代表参加，收到论文106篇。会议特邀了陈文新院士和赵其国院士分别就“充分发挥根瘤菌在我国农牧种植业中的重要作用”和“土壤微生物与土壤质量”作专题报告，还有52位专家针对当前热点问题作了大会报告。通过讨论，代表认为，我国微生物肥料产业近5年发展迅速，已有800余家生产企业、1200个登记产品、年产能900万t、产值超百亿。因此应继续加强土壤（农业）微生物的应用基础研究；大力推进以微生物肥料和微生物农药为代表的农业生物产业发展，着力推进行业的创新能力建设，加快产业化发展。

10月23～26日，中国土壤学会青年工作委员会与中国植物营养与肥料学会青年工作委员会联合主办，华中农业大学资源与环境学院、湖北省土壤肥料学会、农业部亚热带农业资源与环境重点实验室承办，土壤与农业可持续发展国家重点实验室、黄土高原土壤侵蚀与旱地农业国家重点实验室、中国农业大学资源与环境学院、湖北省土壤肥料工作站、湖北省农业科学院植保土壤肥料研究所和中国科学院武汉植物园协办的“第十二届中国青年土壤工作者暨第七届中国青年植物营养与肥料科学工作者学术讨论会”在湖北武汉华中农业大学举行。来自29个省、市、自治区57家单位的406名代表参加了会议，开创了“青土会”的历史最高水平。大会围绕“土壤-植物营养与生态文明”的主题，设置特邀报告、大会报告、分组报告和博士生论坛专题4种类型的学术报告。河北省第九届政协主席王生铁、华中农业大学张启发院士、本会理事长金继运、中国农业大学教授张福锁、中国科学院南京土壤研究所研究员蔡祖聪应邀作了特邀报告，14位优秀青年专家作了大会报告，还有115位青年科技工作者在分组报告和博士生论坛上交流了各自的研究进展。本次会议的学术报告数量与质量都达到了一个新的高度。

11月17日，中国科学技术协会第七届常委会第十三次会议审议通过，批准中国植物营养与肥料学会为中国科学技术协会的团体会员（科协函学字［2010］162号）（图7），代码C15。从此，本会成为中国科协下属的全国一级学会，享有提名院士候选人、推荐国家成果奖、建议国家重大科技项目、推荐全国先进科技工作者、推荐中国科协全国委员会委员等权利。

二〇一一年

1月8日，本会第七届第五次常务理事会暨各委员会工作会议在广州召开，会议由金继运理事长和陈明昌副理事长主持，林葆名誉理事长列席了会议。白由路秘书长汇报了2010年的工作情况，传达了中国科协2011年的工作计划及中国科协对学会的要求。经讨论，形成以下一致意见。2011年重点工作之一是按照中国科协要求，完成学会会员的登记工作；各工作委员会和专业委员会每年至少开展一次活动，每年向学会办公室提交年度总结和下年度工作计划；通过了白由路秘书长设计的会徽；专业委员会应关心社会热点问题，每年需向国家提供一份发展咨询报告。

中国科学技术协会

科协函学字〔2010〕162号

关于同意接纳为中国科协团体会员的批复

中国植物营养与肥料学会:

你会关于申请加入中国科协的申请材料收悉。

经中国科协七届常委会第十三次会议审议通过，同意接纳你会为中国科协团体会员。

特此批复。

二〇一〇年十一月十七日

图7　中国科学技术协会批复函

9 月 13 ～ 18 日，由中国农业科学院主办，中国农业科学院农业资源与农业区划研究所、中国植物营养与肥料学会与领先生物农业股份有限公司联合承办的“第五届硅与农业国际会议”（The 5th International Conference on Silicon in Agriculture）在北京召开，来自五大洲 25 个国家的 200 余位代表参加了会议。会议围绕“硅与农业可持续发展”这一主题进行交流与研讨，收到论文 112 篇，安排了大会报告 57 个，还有 28 篇论文做了墙报展示。中国农业科学院农业资源与农业区划研究所的梁永超研究员主持了开幕式并作了题为“硅在农业中的作用——从实验室到大田生产”的大会主题报告。会议期间，代表还参观了天津宝坻硅肥试验示范区。会议显示，中国 4.5 亿亩水稻土中约有一半以上缺硅，潜在硅肥需求量为每年 4000 万 t，其他禾本科作物与一些葫芦科作物的需硅量也很大，对硅肥的研究应该引起更大的重视。

10 月 17 ～ 29 日，本会根际营养专业委员会与中国菌物学会内生真菌与菌根真菌专业委员会、中国土壤学会土壤生物与生物化学专业委员会、中国林学会联合主办，西南大学资源环境学院与重庆市土壤学会共同承办的“第十一届全国菌根学术研讨会”在重庆召开，200 余名代表参加了会议。大会以“菌根与生态环境”为主题，交流研讨了近年来我国菌根理论研究与应用技术研究成果，安排了 74 个学术报告，其中包括 27 个研究生的专场报告。

10 月 18 ～ 20 日，本会土壤肥力专业委员会与中国农业科学院农业资源与农业区划研究所参加主持了在北京召开的“气候变化与农业土壤固碳减排”国际学术研讨会，这次会议是中国科学院大气物理研究所主办的“2011 年气候变化国际会议”的一部分，来自美国、澳大利亚、俄罗斯、英国、巴西、日本、中国科学院地理科学与资源研究所、南京土壤研究所、新疆生态与地理研究所、北京师范大学、北京林业大学、华中农业大学、兰州大学和中国农业科学院的专家 50 余人参加了会议。代表就不同陆地生态系统的温室气体排放、农田管理措施对土壤碳库的影响及气候变化对陆地生态系统碳循环的影响等问题进行了交流与研讨。

11 月 18 ～ 20 日，本会新型肥料专业委员会和农资导报主办，领先生物农业股份有限公司承办，北京新禾丰农化资料有限公司和山东恩宝生物科技有限公司协办的“第三届全国新型肥料学术研讨会——叶面肥发展与创新”在北京召开，来自全国各地的 100 多名代表参加了会议。叶面肥具有养分吸收快、成本低、配方设计灵活、环保、施用方便等优点，近年来我国叶面肥虽然发展迅速，种类繁多，但仍处于起步阶段，应用基础研究不够，产品技术含量不高，知名品牌缺乏，市场竞争无序。会议针对上述问题组织有关专家，围绕叶面肥技术创新与产业发展，进行了广泛研讨与交流，20余位专家作了大会报告。

12月3日，本会第七届第六次常务理事扩大会在北京召开，包括名誉理事长朱兆良院士、林葆研究员在内的本会常务理事、理事、顾问共70余人参加了会议。会议由金继运理事长主持，白由路秘书长汇报了银川会议以来的工作情况，传达了中国科协对学会的要求，介绍了第八届理事会理事产生办法。会议讨论决定：一、原则上通过“中国植物营养与肥料学会第八届理事会理事产生办法（讨论稿）”；二、2012年召开“中国植物营养与肥料学会第八次会员代表大会及2012年年会”，大会主题是“现代农业中的植物营养与肥料”，其下设3个专题，即科学施肥与农产品质量安全，植物营养与肥料科技与粮食安全，植物营养与肥料与环境保护。

12月18～20日，本会化学肥料专业委员会主办，浙江大学环境与资源学院、浙江省农业科学院环境资源与土壤肥料研究所、浙江省农业厅土肥站和农业部植物营养与肥料重点实验室承办，江西省赣丰肥业股份有限公司协办的“全国化学肥料研究与应用学术研讨会”在杭州召开，来自全国各地的130余名代表参加了会议。大会分成植物营养、高效施肥和新型肥料3个专场进行，22位专家在大会上作了学术报告。本会理事长金继运，副理事长陈明昌、罗奇祥，秘书长白由路，化学肥料专业委员会主任委员周卫及中国农业科学院农业资源与农业区划研究所副所长任天志、浙江大学环境与资源学院副院长林咸永、浙江农业科学院土壤肥料研究所书记傅庆林、浙江省土肥站副站长陈洪金、赣丰公司总经理章发根参加了会议。

二〇一二年

3月27日，本会组织的“植物营养与肥料领域学会秘书长联谊会”在北京召开。为了加强中国植物营养与肥料学会和地方相关学会之间的联系与交流，本会邀请了全国各省、市、自治区相关学会的秘书长相聚北京，共商发展大计。20 个省、市、自治区的相关学会秘书长参加了会议。本会理事长金继运、本会常务理事、中国农业科学院农业资源与农业区划研究所所长王道龙、副所长徐明岗到会。白由路秘书长汇报了本会工作，传达了中国科协工作会议的有关精神，各地学会的秘书长对学会管理进行了广泛的交流。与会代表达成了如下共识：①各地方相关学会在自愿基础上，以团体会员名义参加中国植物营养与肥料学会，负责组织中国植物营养与肥料学会在各地开展的工作；②成为中国植物营养与肥料学会团体会员的地方学会，其秘书长自动成为中国植物营养与肥料学会组织委员会委员；③中国植物营养与肥料学会第八次会员代表大会的地方代表及理事推荐由中国植物营养与肥料学会团体会员的地方学会负责，代表名额原则上每省（市、自治区）20 ～ 30 人，理事名额为 3 人（不包括驻地中直单位）；④中国植物营养与肥料学会的个人会员登记工作由各地方学会负责，登记结束后，由中国植物营养与肥料学会统一发放会员证；⑤为了加强学会间的沟通与交流，建议定期召开秘书长联谊会。

5 月 12 ～ 13 日，中国植物营养与肥料学会青年工作委员会在陕西杨凌组织“黄土高原雨养农田水分高效利用技术学术讨论会”。

7 月 5 日，本会第七届第七次常务理事会在北京召开，名誉理事长朱兆良院士、林葆研究员与学会常务理事、顾问共 48 人参加了会议。金继运理事长主持会议，广东省农业科学院土壤肥料研究所杨少海所长介绍了第八次会员代表大会的筹备情况，通过了如下事项：①讨论并通过了“关于成立中国植物营养与肥料学会第八届理事会筹备领导小组的决定”，建议白由路博士作为第八届理事会理事长候选人；②讨论通过了“中国植物营养与肥料学会第八届理事产生办法”；③讨论了学会分支机构调整，决定继续征求意见；④同意各省、市、自治区的相关学会可自愿参加本会，成为本会的团体会员；⑤决定第八次会员代表大会的规模为 600 人左右。

7 月 21 ～ 24 日，中国植物营养与肥料学会、中国农业科学院、西北农林科技大学和中国农业大学主办，中国农业科学院农业资源与农业区划研究所承办的“第三届农业土壤固碳减排与气候变化国际学术研讨会”（The 3rd International Conference on C Sequestration and Climate Change Mitigation in Agriculture）在北京召开，来自美国、英国、澳大利亚、日本、韩国、土耳其、巴基斯坦及我国相关院所、大学的 160 余名专家学者参加了会议。

本会常务理事、土壤肥力专业委员会主任委员徐明岗主持开幕式，中国农业科学院国际合作局贡锡峰副局长、本会金继运理事长、美国俄亥俄州立大学 Warren Dick 教授出席开幕式并讲话。美国俄亥俄州立大学 Warren Dick 教授、杜克大学 Daniel Richter 教授、加利福尼亚大学戴维斯分校 William Horwath 教授、中国科学院植物研究所黄耀研究员、中国科学院沈阳应用生态研究所张旭东研究员、南京农业大学沈其荣教授、中国农业大学林启美教授等 30 余名专家在大会上作了学术报告。内容涉及土壤有机碳循环、土壤碳氮相互作用、土壤无机碳变化及其在全球陆地碳循环中的作用、陆地生态系统碳循环的模型模拟等方面。

7 月 27 ～ 29 日，本会新型肥料专业委员会主办，山东泉林嘉有肥料有限公司承办的“第四届全国新型肥料学术研讨会”在济南召开，来自全国各地的近 500 名代表参加了会议。本会理事长金继运、秘书长白由路、新型肥料专业委员会主任委员赵秉强、中国农业科学院农业资源与农业区划研究所产业技术中心主任张树青、中国腐殖酸工业协会理事长曾宪成、山东省农业厅土肥站站长高瑞杰、山东泉林嘉有肥料有限公司总经理郭良进等出席会议。28 位代表在会上作了学术报告，展示了我国近年来在新型肥料产业化方面取得的进展。

8 月 3 ～ 5 日，中国植物营养与肥料学会青年工作委员在陕西延安组织了“第二届西北旱地作物高产高效施肥与栽培学术研讨会”，50 余人参会，18 人进行了大会报告交流。

11 月 12 ～ 17 日，中国植物营养与肥料学会第八次会员代表大会暨 2012 年学术年会在广州召开（图 8），本会名誉理事长朱兆良、林葆，广东农业科学院院长蒋宗勇，中国农业科学院农业资源与农业区划研究所所长王道龙等领导及近 600 名来自全国各地的代表参加了会议。金继运理事长致开幕词，白由路秘书长代表第七届理事会作工作报告，报告指出，本会登记在册的会员已经达到 9345 人，其中科研部门的会员占 21.7%，高校的会员占 13.3%，技术推广部门的会员占 65.0%。4 年来本会共举办各种学术会议 25 次，参加人数 5300 人，交流论文 630 篇。还举办国际会议 3 次。大会讨论并通过了工作报告，选举产生了由 162 名理事组成的中国植物营养与肥料学会第八届理事会。第七届理事会理事长金继运主持召开第八届第一次理事会，选举产生了第八届理事会的常务理事、理事长、副理事长和秘书长。常务理事 50 人，白由路为理事长，栗铁申、王敬国、周卫、孙波、

图8 中国植物营养与肥料学会第八次会员代表大会暨2012年学术年会合影

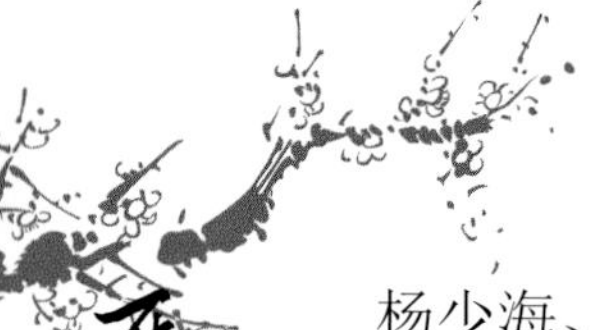

杨少海、刘宝存、郑海春为副理事长，赵秉强为秘书长。

2012年学术年会收到论文82篇。朱兆良院士等10位专家作了大会报告，另外还有88人在植物营养生理、高效施肥、新型肥料和土壤培肥4个分会场作学术报告。

11月20日，本会农化测试委员会在北京召开了中量元素水溶肥料标准相关生产企业工作会议，来自境内外50余家生产企业、逾70位代表参会。

中国植物营养与肥料学会

第二部分

学会历届理事会组成

一、中国农学会土壤肥料研究会第一届理事会

「1982 ~ 1985」

理 事 长 陈华癸

副理事长 叶和才 朱祖祥 张乃凤 陆发熹
沈梓培 杨景尧 姚归耕 高惠民

秘 书 长 刘更另

顾　　问 侯光炯 黄瑞采 朱莲青

副秘书长 毛达如 车胜前 张世贤 焦　彬 喻永熹

常务理事（以姓氏笔画为序）

王金平 叶和才 叶惠民 朱祖祥 刘中柱 刘更另 刘春堂
杨国荣 杨景尧 肖泽宏 沈梓培 张乃凤 张世贤 张宜春
陆发熹 陈华癸 姚归耕 贾如江 顾方乔 徐　督 高惠民
黄自立 黄震华 蒋谐音(女) 焦　彬 谢建昌 廖思樟

理　　事（以姓氏笔画为序）

马复祥 王　瑛 王金平 王学坤 车胜前 毛达如 方成达
计钟程 叶和才 叶惠民 史瑞和 朱克贵 朱祖祥 任守让
华　孟 刘大同 刘立伦 刘鹏生 刘中柱 刘寿春 刘更另
刘春堂 许厥明 孙　羲 李文学 李正毅 李鸣涛 杨运生
杨国荣 杨景尧 杨　琇(女) 肖泽宏 余容扬 闵九康 沈梓培
宋达泉 张乃凤 张世贤 张宜春 张德馨 张先婉(女) 陆发熹
陆行正 陈华癸 苗其硕 范业成 林成谷 郑式言 赵振达
赵哲权 胡济生 柯振安 段炳源 姚归耕 姚家鹏 贺涤新
贾如江 顾方乔 徐　督 奚振邦 凌绍淦 高惠民 陶岳嵩
黄础平 黄自立 黄震华 曹会章 崔文采 梁　奇 蒋德麒
蒋谐音(女) 喻永熹 程学达 焦　彬 谢建昌 谢逸民 裴德安
廖思樟

二、中国农学会土壤肥料研究会第二届理事会

「1985 ~ 1990」

理 事 长　陈华癸

副理事长　毛达如　刘更另　华　孟　朱祖祥　李学垣　杨国荣
杨景尧　张世贤　段炳源

秘 书 长　江朝余(兼)

副秘书长　刘怀旭　许志坤　车胜前　段继贤　郭炳家　喻永熹

顾　　问　王金平　方成达　叶和才　朱莲青　许厥明　朱达泉　李庆逵
李连捷　沈梓培　陆发熹　张乃凤　陈恩凤　姚归耕　徐　督
黄瑞采　侯光炯　程学达　蒋德麒　彭克明

常务理事（以姓氏笔画为序）

王　瑛　毛达如　叶惠民　朱克贵　朱祖祥　华　孟　刘中柱
刘更另　刘宗衡　江朝余　李昌纬　李鸣涛　李学垣　杨　壆
杨国荣　杨景尧　张世贤　陈华癸　范业成　林　葆　赵振达
段炳源　姚家鹏　黄震华　蒋谐音(女)　焦　彬　谢建昌　赖守悌
廖思璋

理　　事（以姓氏笔画为序）

王　瑛　王守纯　毛达如　计钟程　邓开宇　甘晓松(女)　石　丁
叶惠民　史瑞和　史进元　白　瑛(女)　朱世清　朱克贵　朱胤椿
朱祖祥　华　孟　刘　炜　刘中柱　刘更另　刘宗衡　刘春堂
江朝余　孙　羲　李文学　李双霖　李正毅　李昌纬　李鸣涛
李荣垣　李树藩　杨　壆　杨运生　杨景尧　杨国荣　杨　琇(女)
肖泽宏　吴文荣　余容杨　闵九康　张太白　张世贤　张宜春
张景略　陆行正　陈华癸　苗其硕　范业成　林　葆　林世如
林成谷　林美珍(女)　罗国璋　罗成秀(女)　金世安　周春来　赵振达
赵哲权　胡济生　段修廷　段炳源　段继贤　姚家鹏　贾大林
奚振邦　高　宗　黄震华　黄德明　曹会璋　常直海　葛旦之

蒋谐音[女] 焦　彬　谢建昌　谢逸民　赖守悌　詹长庚　裴德安
廖思璋　谭世文　戴庆林

工作委员会主任委员

学术委员会　陈华癸[兼]
教育委员会　孙　羲
科普和开发委员会　肖泽宏
编译出版委员会　刘更另[兼]

专业委员会主任委员

土地资源与土壤调查　朱克贵
土壤改良　贾大林
土壤肥力与植物营养　史瑞和
化肥　林　葆
农区草业　焦　彬
有机肥　黄东迈
农业微生物　胡济生
农业分析测试　张宜春
水土保持　石　丁
土壤环境生态　白　瑛[女]
山区开发　陈永安

三、中国农学会土壤肥料研究会第三届理事会

［1990～1994］

名誉理事长　陈华癸

理　事　长　刘更另

常务副理事长　林　葆

副理事长　马毅杰　毛达如　甘晓松（女）　张世贤　段炳源

秘　书　长　黄鸿翔

副秘书长　郭炳家　段继贤　黄照愿　曹一平（女）　李文科

常务理事（以姓氏笔画为序）

马毅杰　毛达如　毛炳衡　甘晓松（女）　刘更另　刘宗衡　刘春堂
李学垣　杨　堽　杨景尧　邹邦基　张世贤　范业成　林　葆
赵振达　段继贤　段炳源　姚家鹏　奚振邦　黄鸿翔　蒋谐音（女）
焦　彬　樊永言

理　　事（以姓氏笔画为序）

马同生　马鄂超　马毅杰　王平武　毛达如　毛炳衡　计钟程
甘晓松（女）　石　丁　冯所钦　吕福海　朱世清　朱胤椿　庄莲娟（女）
刘更另　刘宗衡　刘春堂　李昌纬　李学垣　李书琴（女）　杨　金
杨　堽　杨景尧　吴尔奇　邹邦基　张世贤　张有山　张保烈
陈礼智　陈旭辉　范业成　林　葆　罗国璋　罗成秀（女）　郑式言
孟昭鹏　赵振达　胡思农　段修廷　段炳源　段继贤　姚家鹏
奚振邦　郭炳家　黄鸿翔　曹会璋　葛　诚　蒋谐音（女）　喻永熹
焦　彬　詹长庚　樊永言　黎仕聪　戴庆林　魏由庆

工作委员会主任委员

学术委员会　刘更另　李学垣　张绍丽（女）

教育委员会　毛达如　毛炳衡　陈伦寿

编译出版委员会　林　葆　杨景尧　黄照愿

科普开发委员会　张世贤　段炳源　邢文英（女）

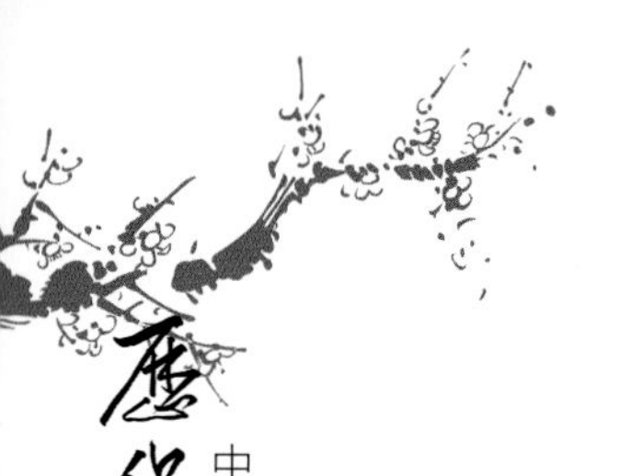

组织工作委员会　甘晓松（女）段继贤　郭炳家

学会办公室　郭炳家

专业委员会主任委员

土壤肥力与植物营养　赵振达　姚家鹏　李纯忠

土壤资源与土壤普查　章士炎　李承绪　蒋光润

土壤改良　刘春堂　刘　勋　谢承陶

化学肥料　吕殿青　刘宗衡　李家康

农区草业　吕福海　林　沧　陈礼智

有机肥　陈　谦　李树藩　金维续

农业微生物菌肥　任守让　娄无忌　葛　诚

农业分析测试与肥料质量监测　赵协哲　何平安　瞿晓坪（女）

肥料与土壤环境条件　顾方乔　白　瑛（女）程桂荪（女）

山区开发与水土保持　杨景尧　石　丁　陈永安

四、中国植物营养与肥料学会第四届理事会

［1994 ~ 1999］

名誉理事长　陈华癸
理　事　长　刘更另
常务副理事长　林　葆
副 理 事 长　马毅杰　毛达如　朱钟麟(女)　李家康　张世贤
秘　书　长　黄鸿翔
副 秘 书 长　陈礼智　郭炳家
常 务 理 事（以姓氏笔画为序）

于学林　马毅杰　王运华　毛达如　毛炳衡　甘晓松(女)　邢文英(女)
朱兆良　朱钟麟(女)　刘更另　刘国坚　刘宗衡　孙政才　孙铁衍
杜亚光　李志荣　李家康　杨　堽　吴尔奇　张世贤　张福锁
陈　谦　陈礼智　林　葆　金继运　赵振达　段继贤　侯宗贤
奚振邦　郭廷彬　唐近春　黄鸿翔　曹一平(女)　蒋谐音(女)　焦　彬
樊永言

理　　事（以姓氏笔画为序）

于学林　万洪富　马毅杰　马鄂超　王平武　王运华　王鹤平
王爱平(女)　毛达如　毛炳衡　计钟程　甘晓松(女)　卢益武　史进元
丘鸿诠　白厚义　邢文英(女)　朱兆良　朱胤椿　朱钟麟(女)　庄莲娟(女)
刘　翔　刘更另　刘国坚　刘洪生　刘宗衡　刘经荣　孙铁衍
孙政才　严小龙　苏　帆　苏国锋　杜亚光　李仁岗　李志荣
李家康　李光余　李　敏(女)　李书琴(女)　杨　堽　吴　英　吴子铭
吴尔奇　吴其祥　吴俊兰(女)　何平安(女)　佟士儒　余存祖　张　航
张中原　张世贤　张自立　张皆禄　张福锁　张宜春　张桂兰(女)
张湫茗(女)　陈　谦　陈万勋　陈礼智　陈旭辉　陈维高　林　沧
林　葆　欧阳细满(女)　金绍龄　金继运　周年发　孟昭鹏　赵兰坡
赵振达　赵颖南(女)　胡思农　段继贤　侯宗贤　施岗陵　钱侯音(女)
徐本生　徐松林　徐能海　奚振邦　翁诗超　高炳德　郭廷彬

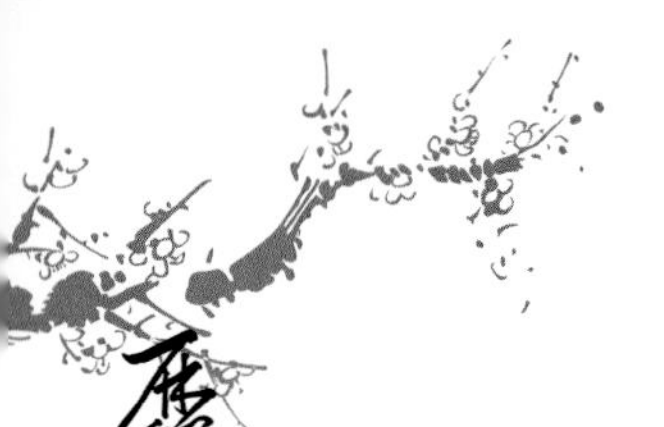

郭庆元　郭熙盛　郭炳家　唐近春　陶其骧　黄鸿翔　曹一平(女)
符建荣　章永松　葛　诚　蒋廷惠　蒋谐音(女)　程　岩　焦　彬
谢建昌　雷永振　翟瑞常　樊永言　黎仕聪　戴庆林　毛端明
王思华　牛宝平　江　瀑　刘孝义　陈同斌　陈佳杰　李生秀
李盛梁　惠玉虎　凌　励　裴林芝

工作委员会主任委员

学术委员会　金继运
教育委员会　毛达如
编译出版委员会　林　葆
科普开发委员会　张世贤
青年委员会　张福锁
组织委员会　李家康
学会办公室　郭炳家

专业委员会主任委员

矿质营养与化学肥料　褚天铎
有机肥料与绿肥　吴尔奇
肥料与环境　陈同斌
根际营养与施肥　李晓林
土壤肥力与管理　汪德水
山地开发与水土保持　朱钟麟(女)
微生物与菌肥专业委员会　葛　诚
测试与诊断专业委员会　王运华

五、中国植物营养与肥料学会第五届理事会

［1999 ~ 2004］

名誉理事长　刘更另　陈华癸

理　事　长　林　葆

副理事长　毛达如　邢文英（女）　朱钟麟（女）　吴尔奇　周健民　李家康　张世贤

秘　书　长　李家康（兼）

副秘书长　陈礼智　郭炳家

顾　　　问　刘更另　张乃凤　李庆逵　李酉开　陈华癸　陈恩凤　韩德乾

荣誉理事　于学林　马毅杰　甘晓松（女）　孙政才　孙铁珩　杜亚光　陈　谦
陈礼智　侯宗贤　蒋谐音（女）　赵振达　焦　彬　李书琴（女）

常务理事（以姓氏笔画为序）

王寿延　王运华　王金等　毛达如　毛炳衡　毛端明　邢文英（女）
朱兆良　朱钟麟（女）　刘　翔　刘宝存　刘宗衡　刘国坚　江　瀑
李生秀　李志荣　李学垣　李家康　杨　堙　吴尔奇　吴忠厚
张世贤　张自立　张皆禄　张福锁　陈同斌　林　葆　金继运
周健民　段继贤　奚振邦　郭廷彬　郭庆元　唐近春　黄鸿翔
曹一平（女）　章永松　梁永超　谢建昌　樊永言

理　　　事（以姓氏笔画为序）

万洪富　马　兵　马鄂超　王　川　王　巍　王正银　王寿延
王昌全　王金等　王树声　王　旭（女）　王运华　牛宝平　毛达如
毛建华　毛炳衡　毛端明　文启凯　尹德胜　石元亮　龙炳寅
卢满济　叶世娟（女）　田长彦　田仲和　史衍玺　白占国　白厚义
白惠义（女）　冯　峰　邢文英（女）　同延安　朱兆良　朱钟麟（女）　刘　翔
刘　强　刘友林　刘文斌　刘国坚　刘国栋　刘宝存　刘宗衡
刘经荣　关树森　关晓春　江　瀑　许景钢　孙广玉　严小龙
严少华　李　伟　李　荣　李仁岗　李生秀　李志荣　李学垣
李晓林　李家康　李盛梁　李　敏（女）　杨　堙　吾甫尔　吴　英

吴尔奇	吴礼树	吴忠厚	吴建繁[女]	吴俊兰[女]	岑道源	沈　兵
沈阿林	张世贤	张自立	张皆禄	张福锁	张天道	张藕珠[女]
陈同斌	陈旭辉	陈明昌	陈维高	陈佳杰	林　沧	林　葆
林克惠	林钊沐	林翠兰[女]	欧阳细满[女]	罗代雄	金继运	周　卫
周健民	郑　义	郑圣先	赵同科	赵兰坡	赵颖南[女]	郝明德
胡思农	段宗颜	段继贤	施卫明	姜国庆	洪世奇	姚　政
姚铁军	秦双月	徐松林	徐能海	奚振邦	翁诗超	高贤彪
高炳德	高　雪[女]	郭玉峰	郭廷彬	郭庆元	郭熙盛	唐近春
陶其骧	黄鸿翔	黄显淦	曹一平[女]	崔志祥	符建荣	章永松
阎　鹏	梁永超	隋鹏飞	彭嘉桂	葛　诚	董宝生	韩晓日
惠玉虎	喻建波	谢良商	谢俊奇	谢建昌	雷永振	裴林芝
谭宏伟	谭金芳	熊建平	樊永言	薛世川	霍瑞常	

工作委员会主任委员

学术委员会　金继运

教育委员会　毛达如

编译出版委员会　林　葆

科普开发委员会　张世贤

组织委员会　李家康

青年委员会　张福锁

学会办公室　郭炳家

专业委员会主任委员

土壤肥力与管理　蔡典雄

矿质营养与化学肥料　李生秀

有机肥与绿肥　张夫道

肥料与环境　陈同斌

微生物与菌肥　葛　诚

根际营养与施肥　李晓林

测试与诊断　王　旭

六、中国植物营养与肥料学会第六届理事会

［2004～2008］

名誉理事长　刘更另　林葆　朱兆良

理事长　金继运

副理事长　张维理(女)　罗奇祥　陈明昌　张福锁　施卫明　徐能海　高祥照

秘书长　李家康

副秘书长　郭炳家

顾问　毛达如　张世贤　朱钟麟(女)　奚振邦　毛炳衡　李生秀　李学垣　谢建昌

荣誉理事　毛端明　王寿延　刘翔　刘国坚　刘宗衡　吴尔奇　吴忠厚　张皆禄　李志荣　杨堽　唐近春　郭庆元　郭廷彬　曹一平(女)　黄鸿翔　樊永言

常务理事（以姓氏笔画为序）

丁洪　马兵　王运华　王金等　尹飞虎　艾瓦尔木沙　石元亮
白由路　同延安　刘强　刘宝存　孙建奇　严小龙　李晓林
李家康　沈其荣　宋长青　张夫道　张自立　张福锁　张维理(女)
张藕珠(女)　陈同斌　陈明昌　范可正(女)　罗奇祥　金继运　周卫
周伴学　周健民　郑毅　郑圣先　郑义(女)　施卫明　姚一萍(女)
秦双月　徐能海　高贤彪　高祥照　郭天文　唐华俊　涂仕华
黄泽林　黄建国　符建荣　章永松　隋鹏飞　谢良商　谢俊奇
谭宏伟　魏丹(女)

理事（以姓氏笔画为序）

丁洪　马兵　马鄂超　王正祥　王正银　王立春　王运华
王昌全　王金等　王树声　王旭(女)　文启凯　尹飞虎　艾瓦尔木沙
石元亮　叶喜文　申建波　田长彦　田吉林　田笑明　史衍玺
白由路　白惠义(女)　包连平(女)　冯峰　邢岩　邢文英(女)　同延安
朱恩　朱德峰　刘强　刘友林　刘宝存　关树森　关晓春
江瀑　许景刚　孙建奇　孙锐锋　孙小凤(女)　严小龙　苏帆

李　伟　李又富　李友宏　李少泉　李祖章　李晓林　李家康
李献民　李志玉(女)　李艳霞(女)　李淑仪(女)　杨　力　肖卫忠　吴立忠
吴礼树　吴建繁(女)　吴俊兰(女)　汪　仁　汪金舫　沈　兵　沈仁芳
沈阿林　沈其荣　沈德龙　宋长青　张　强　张夫道　张自立
张育灿　张福锁　张　炎(女)　张维理(女)　张藕珠(女)　陈　防　陈同斌
陈守伦　陈明昌　陈佳杰　陈莫智　陈新平　陈一定(女)　范可正(女)
林钊沐　罗奇祥　金继运　周　卫　周伴学　周建斌　周健民
郑　毅　郑圣先　郑海春　郑　义(女)　赵世强　赵兰坡　赵建勋
郝明德　胡瑞轩　钟　泽　钟国强　段继贤　施卫明　姜国庆
姚一萍(女)　秦双月　钱晓刚　徐　茂　徐庆海　徐志平　徐明岗
徐能海　翁诗超　高贤彪　高炳德　高祥照　高　雪(女)　郭天文
郭熙盛　郭晓敏(女)　唐华俊　唐树梅(女)　涂仕华　黄泽林　黄建国
黄培钊　常志州　符建荣　章永松　阎　鹏　梁永超　隋鹏飞
彭世琪(女)　董宝生　韩文炎　韩晓日　喻建波　曾秋朋　谢卫国
谢良商　谢春生　谢俊奇　蔡崇法　廖　洪　谭宏伟　谭金芳
熊桂云(女)　黎晓峰　薛世川　魏　丹(女)

工作委员会主任委员

学术委员会　梁永超
教育委员会　张福锁
编译出版委员会　金继运
科普委员会　高祥照
组织委员会　张维理(女)
青年委员会　周　卫
学会办公室　郭炳家

专业委员会主任委员

土壤肥力　徐明岗
矿质营养与施肥　白由路
肥料与环境　陈同斌
有机肥料　沈其荣
根际营养　李晓林
农化测试　王　旭(女)
新型肥料　张夫道
微生物与菌肥　沈德龙

七、中国植物营养与肥料学会第七届理事会

［2008～2012］

名誉理事长　林　葆　刘更另　朱兆良

理　事　长　金继运

副理事长　张维理（女）　罗奇祥　陈明昌　张福锁　施卫明　高祥照　徐　茂

秘　书　长　白由路

副秘书长　赵林萍（女）　魏　丹（女）　刘宝存　同延安　杨少海　洪丽芳（女）

顾　　　问　毛达如　张世贤　朱钟麟（女）　奚振邦　毛炳衡　李生秀　李学垣

谢建昌　李家康　黄鸿翔　曹一平（女）　唐近春　王运华

荣誉理事　宋长青　张夫道　范可正　王金等　孙建奇

常务理事（以姓氏笔画为序）

马　兵　王道龙　尹飞虎　艾瓦尔木沙　石元亮　白由路　冯　峰

同延安　刘　强　刘宝存　许发辉　苏　帆　李　荣　李晓林

杨　力　杨少海　沈仁芳　沈其荣　张自立　张福锁　张维理（女）

张藕珠（女）　陆文龙　陈　防　陈同斌　陈明昌　陈　丽（女）　罗　晶

罗奇祥　金继运　周　卫　周云龙　周志成　周伴学　周健民

郑　毅　郑圣先　郑　义（女）　赵同科　施卫明　姚一萍（女）　徐　茂

徐芳森　徐明岗　徐能海　高祥照　唐华俊　涂仕华　黄泽林

黄建国　符建荣　章永松　梁永超　隋鹏飞　谢良商　谢俊奇

漆智平　谭宏伟　樊小林　魏　丹（女）

理　　　事（以姓氏笔画为序）

卜玉山　马　兵　马利民　马忠明　马玉兰（女）　王　利　王正银

王立春　王伟东　王昌全　王忠良　王树声　王彦益　王朝辉

王道龙　王　旭（女）　方海兰（女）　尹飞虎　艾瓦尔木沙　石元亮　申建波

田长彦　田吉林　史衍玺　白由路　白惠义（女）　冯　峰　邢文英（女）

同延安　吕烈武　朱　恩　朱德峰　危常州　刘　强　刘兆辉

刘国一　刘宝存　刘孟朝　刘景德　刘建玲（女）　关新元　许发辉

许景钢　孙锐锋　孙小凤（女）　严小龙　苏　帆　苏彦华　李　伟

李　荣　李祖章　李晓林　李淑仪（女）　李絮花（女）　杨　力　杨少海

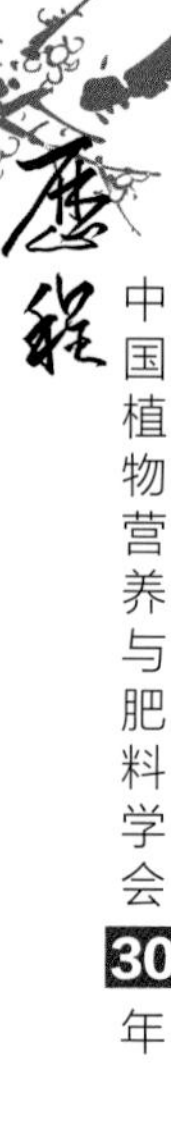

吴　胜　吴建繁(女)　何晓滨　辛景树　汪　仁　汪金舫　沈　兵
沈仁芳　沈阿林　沈其荣　沈德龙　张　强　张乃明　张仁陟
张文浩　张自立　张福锁　张　炎(女)　张维理(女)　张藕珠(女)　陆文龙
陈　防　陈同斌　陈明昌　陈新平　陈　丽(女)　林钊沐　林咸永
罗　晶　罗奇祥　金继运　周　卫　周　涛　周云龙　周志成
周伴学　周建斌　周健民　郑　毅　郑圣先　郑海春　郑　义(女)
封　克　赵兰坡　赵永志　赵同科　赵竹青　赵秉强　赵建勋
郝明德　胡瑞轩　钟　泽　段建南　段继贤　施卫明　姜国庆
姜　娟(女)　姚一萍(女)　袁力行　徐　茂　徐志平　徐芳森　徐国华
徐明岗　徐能海　高贤彪　高祥照　高瑞杰　高　雪(女)　郭云峰
郭熙盛　郭晓敏(女)　唐华俊　涂仕华　宾士友　黄泽林　黄建国
黄培钊　盛建东　常志州　崔培新　崔增团　符建荣　麻进仓
章永松　章明清　梁友强　梁永超　隋鹏飞　隆　英(女)　彭世琪(女)
董宝生　董越勇　韩文炎　韩晓日　鲁剑巍　曾秋朋　曾胜和
谢卫国　谢良商　谢俊奇　雷　梅(女)　廖　星　漆智平　谭宏伟
谭金芳　熊德中　熊桂云(女)　樊小林　樊明寿　黎晓峰　魏　丹(女)

工作委员会主任委员

学术委员会　梁永超
教育委员会　张福锁
编译出版委员会　金继运
科普委员会　高祥照
组织委员会　张维理(女)
青年委员会　王朝辉
学会办公室　宋永林

专业委员会主任委员

土壤肥力　徐明岗
化学肥料　周　卫
肥料与环境　陈同斌
有机肥料　沈其荣
根际营养　李晓林
农化测试　王　旭(女)
新型肥料　赵秉强
微生物与菌肥　沈德龙

第三部分

回顾与建言

团结合作　开拓创新

——回顾学会成立和改名中的几件事

林　葆

中国农业科学院农业资源与农业区划研究所

中国植物营养与肥料学会的前身是1982年2月在中国农学会下成立的一个分科学会——土壤肥料研究会。1993年9月经民政部批准，登记为一级学会，并更改为现在的名称。2010年11月经中国科学技术协会审议通过，批准中国植物营养与肥料学会为团体会员，成为中国科协的一级学会。30多年的历程，经众多土壤肥料科学技术工作者的不懈努力，中国植物营养与肥料学会在一步一步向前迈进，总体上走得比较顺利，也有过一些不同的看法。其中比较主要的，一是认为我国已经有了一个中国土壤学会，没有必要再成立一个土壤肥料学会；二是认为学会在改名中把“土壤”搞丢了。有人说学会的成立和改名遭到同行中一些人的反对。现在看来，有的是对当时情况不很了解，或者是对问题看法不尽相同，完全反对的意见不多。

土壤肥料研究会的筹备工作，是在1978年8月“全国土壤肥料工作会议”上，代表给中国农学会的建议得到同意后开始的。从1979年6月中国农学会发文召开筹备会议到1982年2月土壤肥料研究会成立，历时3年，召开过多次会议，对即将成立的土壤肥料学术团体的名称、性质任务、代表产生办法和理事会组成等进行了较为详细的讨论和安排。在此期间，中国农学会和中国土壤学会进行过沟通，得到了中国土壤学会和中国科学院南京土壤研究所领导的赞同和支持。在纪念中国土壤学会成立50周年的时候，中国土壤学会理事长李庆逵院士写道：“目前和土壤学会密切相关的组织有中国农学会、中国植物营养与肥料学会、中国水土保持学会等，土壤学会仍需和他们密切合作，携手并进”。在新成立的中国农学会土壤肥料研究会上，陈华癸院士当选为首任理事长，一批德高望重的土壤肥料专家出任副理事长和理事会学术顾问，就是对学会最大的支持。在中国农学会土壤肥料研究会成立大会的闭幕式上，陈华癸理事长说，中国农学会土壤肥料研究会的成立，在土壤肥料科学技术方面，我们国家就有两个全国性的群众性的学术团体。一个是中国土壤学会，一个是中国农学会土壤肥料研究会。同时存在这样两个全国性的学术团体，这是客观形势发展的需要，对推动生产、发展科学、培养人才等方面只有好处，没有坏处。因此，广大的农业科学工作者和土壤肥料科学工作者认为是非常必要的。

纵观发展过程，在两个学会中，中国土壤学会是老大哥。成立 70 年来，尤其是在新中国成立后，在党的方针政策指引下，它团结全国的土壤肥料科技工作者，紧密围绕国民经济发展的任务，开展了大量工作，取得了丰硕成果。长期以来，中国土壤学会挂靠在中国科学院南京土壤研究所，以中国科学院有关研究所和各大专业院校的土壤科技工作者为骨干，按土壤学各分支学科设置专业委员会开展工作，在我国土壤科学的基础研究和提高方面发挥了重要作用，也带动了科学普及工作。同时，他在开展土壤科学的国际交流和合作，在海峡两岸的有关学术活动中发挥了主导作用。中国植物营养与肥料学会是小弟弟，从中国农学会土壤肥料研究会成立算起，只有 30 多年。他以土壤肥力和植物营养为施肥技术的基础，在专业委员会的设置上侧重应用，与各省、市、自治区的农业科研院所和各级农业技术推广部门有较多的联系，近年又积极加强与肥料生产和肥料营销方面有关协会的联系和合作。中国土壤学会和中国植物营养与肥料学会在工作上有较强的互补性，两个学会的紧密团结和合作，在联系全国各有关部门和单位的土壤肥料科技工作者开展学术交流活动，促进学科进步，推动生产发展方面都更为有利。

在中国农学会土壤肥料研究会向民政部申请登记成为国家一级学会的过程中，不少人希望能够保留土壤肥料的名称。当时的理事长刘更另院士不只一次提出，学会成立前就明确了它的任务是研究农业八字宪法中“土”与“肥”两个内容，侧重土壤肥料的应用技术，为什么成立一级学会时把“土壤”改丢了？李庆逵院士在收到《植物营养与肥料学报》后给我写了一封信，建议最好改名为《土壤植物营养与肥料学报》，加上“土壤”二字，但均未能如愿。这里面的一个主要原因是全国学会的登记不允许有重复的名称。中国土壤学会早已是全国的一级学会，因此，再登记“土壤肥料”、“农业土壤”等名称是通不过的。在这种情况下，经多方考虑，采用了“中国植

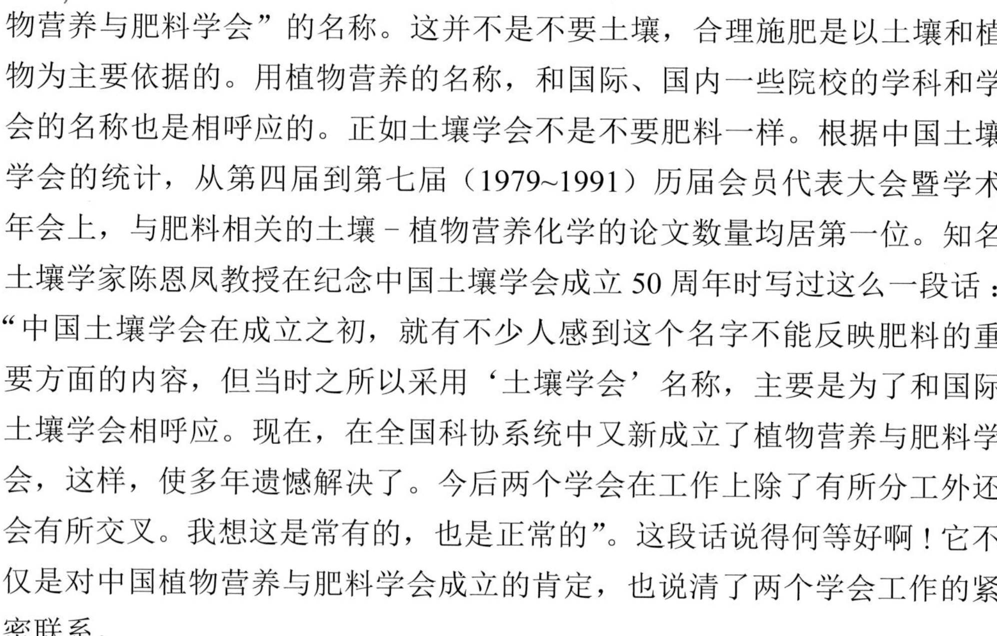

物营养与肥料学会”的名称。这并不是不要土壤，合理施肥是以土壤和植物为主要依据的。用植物营养的名称，和国际、国内一些院校的学科和学会的名称也是相呼应的。正如土壤学会不是不要肥料一样。根据中国土壤学会的统计，从第四届到第七届（1979~1991）历届会员代表大会暨学术年会上，与肥料相关的土壤－植物营养化学的论文数量均居第一位。知名土壤学家陈恩凤教授在纪念中国土壤学会成立 50 周年时写过这么一段话：“中国土壤学会在成立之初，就有不少人感到这个名字不能反映肥料的重要方面的内容，但当时之所以采用‘土壤学会’名称，主要是为了和国际土壤学会相呼应。现在，在全国科协系统中又新成立了植物营养与肥料学会，这样，使多年遗憾解决了。今后两个学会在工作上除了有所分工外还会有所交叉。我想这是常有的，也是正常的”。这段话说得何等好啊！它不仅是对中国植物营养与肥料学会成立的肯定，也说清了两个学会工作的紧密联系。

土壤、植物营养、肥料科学在保障 13 亿人口食物安全方面的任务依然繁重，而在水土保持、防治土地荒漠化、提高土壤肥力、防治农业面源污染和改善生态环境等方面的任务日益突出，全国有关学科的科技工作者一定要进一步团结合作，开拓创新，为我国农业和国民经济的可持续发展做出更大的贡献。

对学会工作的体会

郭炳家

中国农业科学院农业资源与农业区划研究所

作为参与多年学会工作的老同志，我想把自己在学会工作这么多年的体会说出来，一来是和大家交流思想，回忆过往，二来是想看看是否能够为在学会工作的年轻人提供借鉴。

中国植物营养与肥料学会自1993年申报成为全国一级社团组织以来，创办了《植物营养与肥料学报》，将其作为学会的学术交流平台，它的创立更好地带动了学科发展，自身也取得了很好的成绩，在国内农业类期刊中一直排名前列。在学会独立之初，学会就在计划申请加入中国科学技术协会，对于学会来说，也需要寻找一个统一的群众组织，以利于学会进步和更长足发展。作为学术性社团组织，学术活动无疑是学会工作的重中之重，学会始终本着“促进植物营养与肥料科技研究的开展”的宗旨，以各种形式开展学术交流活动，如大会报告、专题讨论等。在会员服务上，学会也在积极响应国家职能转移的号召，努力开展着学会成果第三方评价、专业技能培训等。

在学会的日常工作中，其实也有困难重重的时候，虽说对待工作不要喊苦，但遭遇此类事情时，也会令人心焦不已。但同时我也感谢有这样的机会，因为这不仅是对我工作能力的考察，也是对自身的提升。学会工作曾令我尴尬的事情是催交会费，当时也因为很多理事日常工作很忙碌，或是由于沟通方式不畅通，到了快要换届的时候，理事和会员单位的会费还没有收齐。而学会的经费来源主要就是会员单位和理事的会费，没有财政的保证，就无法维持学会工作和学术活动的正常开展。当时我就一遍遍地发通知、打电话、写信，一直到会费交上来。学会一直秉承着经费取之于民用之于民、为农业发展服务的原则，将学会的财政收入运用在为会员的服务之上，用在能够为人类粮食安全贡献力量上，我相信每一个交纳会费的成员或集体都能理解会费交纳的义务性。

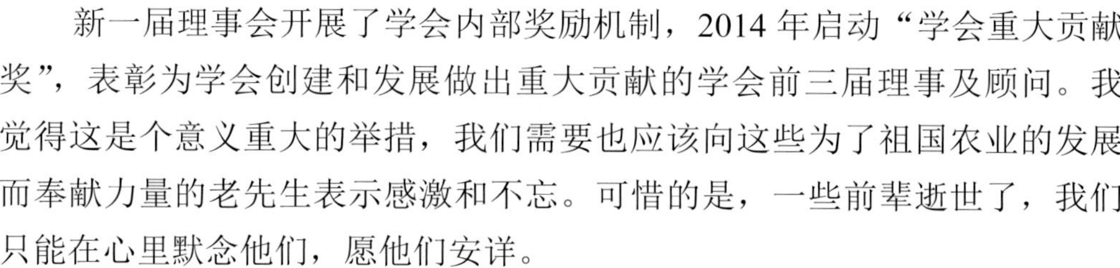

新一届理事会开展了学会内部奖励机制，2014年启动“学会重大贡献奖”，表彰为学会创建和发展做出重大贡献的学会前三届理事及顾问。我觉得这是个意义重大的举措，我们需要也应该向这些为了祖国农业的发展而奉献力量的老先生表示感激和不忘。可惜的是，一些前辈逝世了，我们只能在心里默念他们，愿他们安详。

学会企业会员中现在有很多行业内著名的企业，这说明我们与企业的联系密切了，这是值得称道的。我虽然已是耄耋之年，对于社团组织与企业的合作是持肯定态度的，学会的任务之一就是要促进植物营养与肥料事业的繁荣和发展，促进肥料技术进步和产业发展，从而也会带动植物营养与肥料学科的发展。我的意见是继续加强与企业的联系，即使不囊括所有企业，也能够引领中国肥料产业前进，结合共赢为祖国发展共同出力。

学会发展需要更进一步，学会作为广大植物营养与肥料科技工作者的沟通组织，如何加强学会三大系统，即大专院校、科研院所、推广部门的联系，如何充分发挥学会作用，这是非常关键的问题。学会作为国家一级团体组织，我相信还可以做出更多的事情，发挥更大的作用。

一分耕耘，一分收获

——忆学会的缘起

黄鸿翔

中国农业科学院农业资源与农业区划研究所

风雨兼程，学会已成长了 30 多年。回忆起学会发起的经过，仍历历在目。

追忆到新中国成立前，那时我国的土壤肥料研究工作比较落后，人员也少。但到新中国成立后，在党的关怀和领导下，从中央到地方都相继成立了土壤肥料专业研究所、土肥站等。在总结农民经验的基础上开展有机肥施用，绿肥、土壤微生物和菌肥的研制与推广。微量元素的应用等方面也都取得了很大的进展。然而，由于“文化大革命”的十年内乱，林彪和“四人帮”的干扰和破坏，土壤肥料科学遭到了严重的摧残。中国农学会从 1978 年才恢复工作。当年 8 月期间，我们在邯郸召开的全国土壤肥料科研工作会议上，广大土壤肥料科学工作者强烈要求在中国农学会下设立中国土壤肥料学会或者土肥学会，或者农业土壤与肥料学会。因为土壤肥料是农业生产的基础，是农业不可分割的重要组成部分。

大家认为，土、肥是农业“八字宪法”为首的两个字，是农业生产极其重要的组成部分。众所周知，中国农学会是农业科技综合性的学术团体，包括作物、种子、园艺、植保、畜牧兽医、热带作物、农业现代化、原子能、棉花、养蜂、草原、农业工程、农业经济、土地、沼气、农业气象、农业环保等各分科学会。而偏偏没有土肥方面的学会，故不包括土壤肥料的中国农学会则是一个不完整的农学会。考虑到当时有个挂靠在中国科学院南京土壤研究所内的中国土壤学会的问题，但是他们的主要精力是放在土壤基础理论方面，如土壤物理、土壤化学、土壤分析等。而土壤肥料学会的主要精力应是放在应用技术科学方面，如土壤普查、土壤改良、农田基本建设、保持水土、土壤耕作等，况且在肥料方面，又有有机肥、绿肥的栽培利用，秸秆还田、合理施肥和菌肥等。因此成立中国土肥学会与中国土壤学会并不是重复的，其任务各有侧重。两个学会可以相互配合，但两者的任务不能相互代替。同时也考虑到全国大多数省、市、自治区农学会下设土壤学会或土壤肥料学会，而中国农学会则没有这样一个组织，影响上下及国际上对口活动，对于组织农业各学科的协作，相互配合，以及调动广大土壤肥料工作者的积极性十分不利。再从中国农学会的前身——1917年成立的中华农学会来看，曾经下设过土肥学组。1958年后在中国农学会中也设立过土肥学组。基于上述原因，此次会议的140多名土肥科技工作者就成立中国农学会土壤肥料学会问题，向中国农学会提出了倡议。接到倡议后，中国农学会先后两次在常务理事会上进行了讨论。最后通过成立中国农学会土壤肥料学会，作为隶属中国农学会分科学会的决定。这个决定得到了中国土壤学会和中国科学院南京土壤研究所领导同志的赞同，中国土壤学会理事长李庆逵对中国农学会理事长杨显东明确表示，支持在中国农学会下成立土壤肥料学会，中国科学院南京土壤研究所党委也支持这个意见。

一分耕耘，一分收获，阳光总在风雨后。后来几经波折，经过积极的筹备与申报，全国土壤肥料学术讨论会暨中国农学会土壤肥料研究会成立大会于1982年年初在北京举行。

历经4年，从最初的提出到精心的筹备，再到成立，土肥科技工作者付出了努力。在历届理事长、秘书长的领导下，学会工作如火如荼地开展。学会各方面也取得了巨大的进步。我虽已退休多年，对于学会的动态也时常关注。据闻，学会积极响应党的“十八大”号召，承接政府部门的社会化服务职能，现已多次举行成果鉴定等。这对于拓展学会生存空间、面向社会办会等起到了良好的作用。此外，学会还加强了与企业的合作交流。

从成立到今天，在植物营养与肥料科技工作者的共同努力下，中国植物营养与肥料学会在不断地发展，不断地壮大。我国现代农业的快速发展也赋予了学会光荣而艰巨的使命，我们必须紧密团结广大植物营养与肥料科技工作者，为我国农业发展、产业振兴做出新的更大的贡献！

聚焦粮食安全

李家康

中国农业科学院农业资源与农业区划研究所

中国植物营养与肥料学会的前身是1982年成立的中国农学会土壤研究会，到现在学会走过了30余年的历程。我在学会担任过副理事长、秘书长和顾问等职务。欣闻学会在白由路理事长的主导下，组织撰写学会发展史，我个人认为这是一件非常好的事情，以史为鉴，可指导学会未来的发展。

我在学会工作了20多年，虽已退休，但对学会的工作仍是时刻关注，对与农业相关的政策也时刻关注。2015年中央一号文件再一次聚焦"三农"，把粮食安全的问题摆在首要位置。"国以民为本，民以食为天"。粮食既是关系国计民生和国家经济安全的重要战略物资，也是人民群众最基本的生活资料。粮食安全与社会的和谐、政治的稳定、经济的持续发展息息相关。解决好十几亿人口吃饭问题始终是我国政府面临的首要的民生问题。据统计，2014年粮食获得丰收，实现十一连增。但党中央依然把粮食安全放在重要的位置上，反映出党中央和国务院对农产品供需关系有着清醒的认识。作为一个拥有世界近21%人口的大国只有做到立足国内实现粮食基本自给，才能够在复杂多变的国际局势面前站稳脚。正如习近平总书记针对粮食安全问题所说，"中国人的饭碗任何时候都要牢牢端在自己手上。"

中国从历朝历代政府都把粮食安全问题放在首位，视仓廪盈实为盛世景象。新中国成立以来，特别是改革开放以来，我们靠政策、靠科技、靠投入，成功地解决了亿万人民的温饱问题，实现了农产品供求总量基本平衡、丰年有余的历史性跨越。进入20世纪90年代，中国粮食产量稳中有升，但从2000年以来，由于种种原因，全国粮食产量连续5年下降。自2004年到现在，粮食连年增产，到2014年，我国粮食产量已取得了"十一连增"的可喜成绩。这正是中国政府高度重视粮食问题，采取有力措施提高粮食

生产的结果。

当前，粮食安全是“十三五”规划重点锚定的主题，但是现在的问题是如何在农业可持续发展议题下提升粮食生产能力、保障粮食安全、促进农民增收。《中共中央关于推进农村改革发展若干重大问题的决定》全面部署了积极发展现代农业、推进农业结构战略性调整的重大任务，指出发展现代农业，必须按照高产、优质、高效、生态、安全的要求，加快转变农业发展方式，推进农业科技进步和创新，加强农业物质技术装备，健全农业产业体系。

对于解决粮食安全的对策，我认为有以下几条。

一、保护耕地面积不减少，保住基本农田不被侵占

要依法保护耕地，遏制粮食耕地面积不断下降的趋势。耕地资源是增产粮食的基础。我国人多地少，必须采取有力措施，加大保护力度，严格控制非法占地，确保总量动态平衡，保护好全国粮食耕地。

二、确保粮食储备安全，加大设施建设，提高仓储科技含量

我国要以发展优质、高产、高效、生态、安全粮食品种为中心，引导农民增加市场适销的优质粮食生产，适应人民消费水平提高的要求，增强市场竞争力。此外，还要加强农业基础设施建设，其问题的关键是资金投入。一方面，要抓住国家投资向农业倾斜的机遇，积极争取国家财政、国债资金和基本建设资金对农业的投入；另一方面，在坚持谁投资、谁受益的原则下，引导、鼓励民间资金投向农业，加快对外开放，积极引进外资，引进种源和先进适用技术。

三、提高农业效率，保持农业投入持续增长，建设大批高标准基本农田

我们对优质粮食品种要实施科技攻关，力争在品种选育、病虫害综合防治、粮食加工等领域取得重大突破。积极引进国外先进科研成果，建立和完善农业技术推广体系，培育多元化农业技术推广服务组织，加大新品种、新技术的推广力度，把增产增收显著的重大实用科学技术及时推广运用到粮食生产中去，只有这样才能提高农业效率。此外，按照“集中力量、重点突破”的原则，建设大批高标准基本农田，力争成为稳定的优质商品粮基地。

四、走出去建立海外稳定粮食生产基地

在当前国际粮食市场竞争日趋激烈、气候异常、自然灾害频发的大环境下，在稳定国内粮食产量的基础上，建立海外粮食基地，确保国家粮食安全，是我国实施农业走出去战略的重要内容。这样，我们能充分利用海外资源，生产粮食，增加粮食储备。

在今后二三十年中，我国将会面临“人口增多、耕地减少和居民消费水平提高”三大趋势。因此，必须高度重视保持和提高中国的粮食生产能力，注重保护好有限的耕地，不断改善农业的生产条件。我们应学会积极响应党中央的政策，团结组织植物营养与肥料科技工作者，依靠科学技术的提高与推广，提高农业生产率，为粮食增产做出重大贡献。

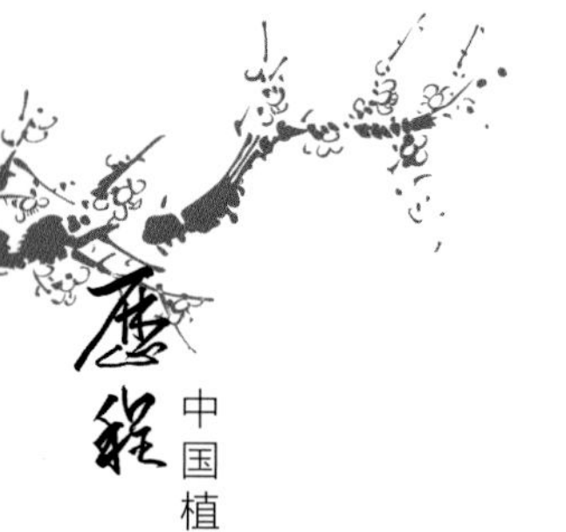
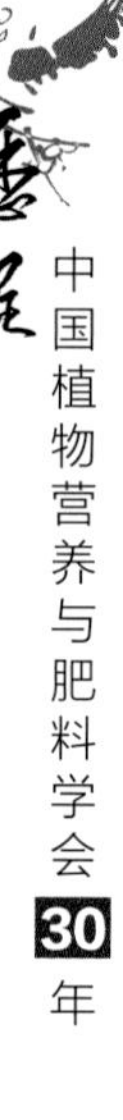

展望未来，任重道远

金继运

中国农业科学院农业资源与农业区划研究所

中国植物营养与肥料学会自 1982 年成立，迄今已经 30 多年了。我从 2004 年到 2012 年，担任学会的第七、八届理事长，见证了学会的发展。多年来，学会在党的领导下，始终秉承为科技服务、为产业服务和为科学家服务的办会宗旨，团结和动员广大植物营养与肥料科技工作者积极参与各种活动，推动植物营养与肥料科学技术的进步与发展。

在农业领域，自 2004 年以来，粮食连年增产，既保证了我国粮食安全，又为世界农产品供应做出了重大贡献。在国家粮食丰产工程、测土配方施肥工程等一系列国家行动带动下，创新的科学技术成功地转化为农民的行动和现实的生产力，产生了粮食产量多年连续增产的伟大创举。在这些过程中，中国植物营养与肥料界的所有单位及全体会员均付出了辛勤的汗水。

展望未来，我们植物营养与肥料界任重道远。人多地少、资源紧缺的基本国情决定了我们必须不断提高作物产量。2014 年我国粮食再获丰收，实现了粮食产量“十一连增”。全年粮食产量 60 710 万 t，比上年增加 516 万 t，增产 0.9%，但同时 1~10 月中国共进口了 7250 万 t 粮食，超过了粮食需求总量的 10%。由此可见，为了满足人民生活水平的提高和国民经济高速发展的需求，在有限的耕地上生产更多的粮食和其他农产品的压力一直伴随着我们。与此同时，资源紧缺和环境质量下降的压力逐年增加，在目前高投入、高产出、高度集约化的作物生产体系中，肥料养分的利用效率低，相当比例的化肥和有机废弃物中的养分进入水体和环境，已经引起全社会的高度关注。最大限度提高肥料利用率，减少氮、磷向环境的排放，保护生态环境是我们必须承担的责任。持续提高作物产量和改善环境质量的双重目标是我们植物营养与肥料领域面临的挑战，我们必须依靠科技进步高效利用有机无机肥料资源，提高肥料利用率，保证我国现代农业可持续健康的发展。

植物营养与肥料学会是在党领导下的群众性学术团体，肩负着团结全国植物营养与肥料领域科技工作者，共同推动植物营养与肥料科学技术发展的重任。结合我参与学会工作的体会，谈几点对学会工作的认识。

（1）在中国科协等上级部门的领导下，坚定不移地贯彻党的路线和方针政策。

根据中国植物营养与肥料学会的特点和优势，以邓小平理论和“三个代表”重要思想为指导，深入贯彻落实科学发展观，坚决贯彻落实中央有关文件精神，把党在不同时期的方针政策贯穿在学会的工作中，保持学会正确的政治方向，紧跟形势，继续提高学术活动质量和水平，更好地发挥学术团体职能，推动学会事业的全面发展。

（2）加强学会的自身建设，增强学会凝聚力。

学会在自身建设方面应以科学发展观为指导，建立健全民主办会制度，努力形成科学民主有团体特色的决策体系和执行体系。学会应完善会员管理和服务制度，进一步加强与本领域团体单位、广大科技工作者和相关企业的联系，根据会员的愿望和需求，积极组织各种形式活动，提高服务质量和水平，增强学会的凝聚力。

（3）加强学术交流和科普工作，积极开展为经济建设服务的科技咨询活动。

学会要团结全体会员和植物营养与肥料科技工作者，奋发努力，积极开展广泛的学术交流活动，进一步增强学会的凝聚力，推动植物营养与肥料科学技术向生产力的转移。同时，学会应积极组织和支持本领域广大科技工作者和企业开展科普活动，举办讲座、提供咨询，配合科研、教学、推广部门实施科教兴农。这样既为科技工作者发挥自身的优势和特长搭建了舞台，也提高了学会的自我发展能力。此外，由学会主办的《植物营养与肥料学报》，作为核心期刊，在质量上要严格把关，扩大发行量，提高影响力。

（4）充分发挥科技优势，积极争取政府部门职能转移。

学会应积极响应党的“十八大”号召，以自身的科技优势，积极主动承接政府部门赋予的社会化服务职能，拓展发展服务空间，面向社会办会，发挥好学会在科技评价、成果鉴定和科技奖励等方面的积极作用。

最后，希望在中国科协等上级部门领导下，在广大植物营养与肥料科技工作者的共同努力下，团结奋进，开拓进取，把学会真正建成跻身国家一流的一级学会，为我国植物营养与肥料领域科技事业的发展做出更大的贡献。

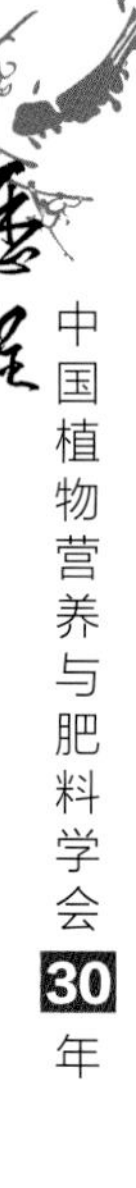

回顾《植物营养与肥料学报》发展历程

陈礼智

中国农业科学院农业资源与农业区划研究所

《植物营养与肥料学报》是中国植物营养与肥料学会主办的专业性学术期刊，从创刊起，我一直担任学报的副主编，在学会工作十年有余，回顾学报的筹办过程，感慨万千。

中国农学会土壤研究会在1994年更名为中国植物营养与肥料学会。更名的前几年，广大会员和土壤肥料专家呼吁要求筹办《植物营养与肥料学报》作为学术交流的阵地。在1991年、1992年的中国土壤肥料研究会第三届的常务理事会及理事扩大会上，均商讨了《植物营养与肥料学报》的试刊工作。那时，中国土壤肥料研究会还是中国农学会下属的一个二级学会，我们于1991年向农业部和民政部提交了晋升为一级学会的申请报告，经农业部资格审查，同意作为全国性一级社会团体申办注册登记。在1993年9月2日，民政部批准中国植物营养与肥料学会为全国性一级学会。自此，本会正式从中国农学会分离出来，成为独立的一级学会。在学会作为一级学会的背景下，《植物营养与肥料学报》的筹办更加提上议程。在1993年的常务理事会议上，刘更另理事长确立了要着手筹备《植物营养与肥料学报》的试刊工作。各常务理事一致认为，筹办学报对于学科的繁荣发展是重要的。1994年6月22日，学会拟创办的《植物营养与肥料学报》已得到农业部批准，农业部办公厅发函北京市新闻出版局，要求准予办理内刊准印手续。经过多年酝酿筹备于1994年9月（试刊）第一期出版。而在1996年1月才经国家科委批准正式公开发行。但发行以来两年多，正式刊号迟迟未下发，使本刊的出版发行面临困境。在1998年3月常务理事会向农业部办公厅宣传部提交了关于吁请核发《植物营养与肥料学报》正式刊号的报告，直到1999年学报才正式公开发行。在1994年试刊发行一期，而在1995～1997年每年发行4期，从1998年开始，随着植物营养与肥料学科的发展，各种科研论文层出不穷，改为双月刊。

本刊主要刊登本学科具有创造性的学术论文，新技术和新方法的研究报告，简报，文献评述和问题讨论等。具体包括土壤、肥料和作物间的关系，养分变化和平衡；各种肥料在土壤中的变化规律和配施原理；农作物遗传种质特性对养分反应；作物根际营养；施肥与环境；施肥与农产品品质；农业生物学和生物化学应用；肥料的新剂型新品种的研制、应用及作用机理；本学科领域中新手段、新方法的研究，以及与本学科相关联的边缘学科等。

《植物营养与肥料学报》自出版发行以来，深受科研、教学单位和农林、化工等领域及技术推广部门，以及广大植物营养与肥料科技工作者的热情支持与欢迎。学报的出版对促进本学科的繁荣发展，广泛开展国内和国外的学术交流，引进先进的科学理论和技术信息，促进我国农业发展发挥了积极的作用，也为广大青年科技工作者的培养和成长创造了良好的条件。

《植物营养与肥料学报》创办的十多年来，在本学科广大同仁的关心和支持下充分发挥了交流平台的作用，得到了广大肥料科技工作者的关注，学报刊出的论文水平和编校质量在不断地提高，影响因子、总被引频次稳步上升，在“农业类”期刊中名列前位。2003 年进入国家科技部“中国科技论文统计源期刊”，为中国科技核心期刊、中文核心期刊、中国农业核心期刊，在 2004 年荣获第四届全国优秀农业期刊学术类一等奖，2007 年、2008 年连续两年获得“中国百种杰出学术期刊”，2008 年、2011 年均获得“中国精品科技期刊”等荣誉称号。

最后，祝愿《植物营养与肥料学报》越办越好！

第四部分

学会人物简介

［学会历届理事会理事长、副理事长、名誉理事长、秘书长、学术顾问］

陈华癸

1914～2002

陈华癸，男，1914 年 1 月出生于北京。学会第一、二届理事长，第三、四届名誉理事长。1935 年毕业于北京大学生物系，1939 年获英国伦敦大学哲学博士学位。他在英国学习期间，对无效（低效）根瘤菌株和有效（高效）根瘤菌株在寄主上结瘤的生长发育比较的研究结果，在《英国皇家学会会刊》（*Proc. Roy. Soc. B*）上刊登，受到从事共生固氮研究专家的高度重视。

1940 年 6 月陈华癸学成回国，在中央农业实验所土壤系工作，在抗日战争艰苦的岁月里，他实地调查了南方多个省豆科绿肥的生产应用情况，着重开展了紫云英共生固氮的试验研究，首先发现紫云英根瘤菌是具有专一性的独立的互接种族，1949 年在英国《土壤科学》（*Soil Science*）杂志上发表，为以后紫云英根瘤菌人工接种和大面积应用奠定了基础。他领导的科研集体在 20 世纪五六十年代，从多方面研究了紫云英根瘤菌的共生关系，筛选出了优良菌株，并直接参与了菌肥厂的建设和菌剂的生产，以及试验、示范和推广应用。

抗日战争胜利后，陈华癸转到农科大学做教育工作，先后任北京大学农学院、武汉大学农学院教授，1952 年院系调整后任华中农学院（今华中农业大学）教授，创建土壤农化系，任系主任。1979 年组建共生固氮研究室，后经农业部批准建立农业微生物研究室。1979 ～ 1983 年任华中农学院院长。他把培养青年教师作为一项十分迫切的任务。他以教学和科研任务相结合作为青年教师的主要培养方式，为华中农学院土壤农化系培养了一支学科齐全、结构合理、学力坚实的教学、科研梯队。他先后讲授过土壤学、肥料学、微生物学及微生物遗传学等课程，编著和出版过多本微生物方面的专著。

除了共生固氮作用，陈华癸的另外一个重要研究领域是水稻微生物与土壤肥力的关系。他针对我国水稻生产的重要性和水稻土壤肥力的特殊性，开展了在夏季淹水、冬季干旱条件下，水稻土中碳、氮、硫、磷、铁等元素的变化，着重于水稻土中氮素营养的变化和微生物的关系。他的突出贡献是发现了厌氧的亚硝酸细菌，并获得了此亚硝酸细菌的纯培养。这一研究否定了自 20 世纪末以来一直认为硝化微生物和硝化作用是绝对需氧的普遍规律。

1980 年陈华癸当选为中国科学院生物学部委员（后改称院士）。他曾任中国农学会、中国微生物学会理事会的副理事长。

代表性著作

1. Chen H K，Thornton H G. The Structure of“Ineffective” Nodules and Its Influence on Nitrogen Fixation. Proc Roy Soc B，1940，（129）：208-229.
2. 陈华癸 . 土壤微生物学 . 北京：高等教育出版社，1957.
3. 陈华癸 . 水稻土中植物营养元素的生物循环 . 见：稻作科学论文集 . 北京：农业出版社，1959：167-182.
4. Chen H K，Zhou Q. Facultatively Anaerobic Nitrification and Nitrite-forming organisms. 第八届国际土壤学大会（布加勒斯特）论文Ⅲ . 土壤生物学，1964：761-768.
5. 陈华癸，樊庆笙 . 微生物学 . 第 4 版 . 北京：农业出版社，1989.

叶和才

1912～1992

叶和才，男，1912 年 10 月出生于广东梅县。学会第一届理事会的副理事长。1934 年毕业于金陵大学农学院，获学士学位，1940 年获英国理科硕士学位。1941 年回国，被聘为中央农业实验所技正，主要从事土壤肥料的田间试验研究工作。抗日战争胜利后任中央农业实验所北平农事试验场技正，在军粮城试验分场开展滨海盐土的利用改良。1948 年被聘为清华大学农学院教授，1949 年 9 月，清华大学、北京大学、华北大学三校农学院合并成立北京农业大学，曾任土壤农业化学系主任。

叶和才在 20 世纪 50 年代的业绩主要是提出改良华北滨海盐土的新途径。华北渤海湾大面积的滨海重盐土，当地农民称为“光板地”，它土体紧实，容重大，透水性低，含盐量高，是一种难以通过冲洗脱盐而得以改良的土壤。他从土壤植被的自然演变和生产实践中发现，滨海盐土开垦后产量的高低与开垦前植被类型和植被生长密度密切相关。生荒地的植被为芦苇、马鞭草和密生黄崑草（盐吸）等，经兴建灌排工程洗盐种植，当年即可获得每公顷 2 ～ 4t 的产量。同时他认真总结当地农民围埝养草改土的经验，试验表明，“光板地” 种草 3 年后，土壤透水性明显提高，加速了洗盐改土过程。他根据这些结果，提出了改良重盐土的生物水利措施，并大面积推广应用。

他在 20 世纪 60 年代以后，主要从事土壤水分、农田灌排和农作物节水灌溉制度的研究，主要从能量观点研究土壤水分，翻译出版了大量国外有关用能量观点研究土壤水分的著作，推进了土壤水分研究工作的发展。

他从 1954 年开始承担了培养研究生的任务，对研究生的课程安排，研究课题选择，论文撰写方面都给予耐心指导。他谦虚严谨，一丝不苟的治学精神熏陶了他的研究生。

代表性著作

1. 叶和才 . 土壤改良学（水利土壤改良）. 北京：农业出版社，1961.
2. 叶和才，陶益寿，黄瑞珍，等 . 试用土壤水分特征曲线及有关资料表征一些土壤水分性状 . 中国土壤学会第五次代表大会暨学术会议论文集（下册），1983.

高惠民

1908～1985

高惠民，男，1908 年 6 月出生于河南省清丰县。学会第一届理事会的副理事长。1937 年毕业于北京大学农学院。1938 ～ 1946 年为冀鲁豫边区抗日政府干部，解放战争和中华人民共和国成立初期主要从事农业教育工作，先后担任北方大学农学院、华北大学农学院农学系主任、教授，北京农业大学农学系教授兼农村工作委员会主任，平原农学院和北京农机学院副院长等。1953 年调任华北农业科学研究所副所长。1957 年中国农业科学院成立后，历任土壤肥料研究所副所长、所长、院分党组成员、院副秘书长等。

在他从事科研的组织管理工作中，坚持农村办试验基点，提出“三个三结合”的科研路线。他始终把建立长期农村试验基点作为农业科学研究的重要基地，在湖南省祁阳县官山坪建立的农村基点已经过了半个世纪，至今仍在农业生产第一线发挥作用。他不断总结经验，提出了领导干部、科技人员和农民群众相结合，试验、示范和推广相结合，实验室、试验场和农村基点相结合的“三个结合”科研路线，对农业科研有指导作用。在他的领导下，中国农业科学院土壤肥料研究所在湖南祁阳和河南新乡建立了农村长期科学实验基点。在祁阳，以改良鸭屎泥、黄夹泥和冷浸田等低产土壤为重点，解决了“冬干坐秋”减产问题，提出了用好磷肥、种好绿肥，改变了当地低产面貌。在新乡，通过研究内陆盐碱地的水盐运动规律和总结群众经验，推行了深耕晒垡、开沟起垄、深播浅盖等一系列措施，使多年不拿苗的盐碱地获得棉、麦好收成。以上两个基点的研究成果均获得 1964 年全国科学大会的重大科技成果奖。

高惠民的另外一项重要工作是积极推动农业土壤学发展。在他的倡导和组织下，1962 年邀请有关专家编写了《中国农业土壤论文集》。1979 年还与侯光炯教授共同主编了《中国农业土壤概论》。在这些著作中，总结了我国农民用土、识土、改土、养土和看天、看地、看庄稼、定措施的施肥经验，并对低产田土壤改良进行了系统的科学论述，使农业土壤学的理论不断发展和完善。他还主持编写了《农业土壤管理》一书，提出了耕作结构和耕作制度，种植结构和种植制度，肥料结构和施肥制度等 3 种结构和 3 种制度相结合的土壤管理体系，特别强调以田养田，寓养于用的土壤培肥技术。

代表性著作

1. 高惠民，林葆，张绍丽，等 . 不同茬口对土壤肥力和后作小麦的影响 . 耕作与肥料，1964，1：43-49.
2. 侯光炯，高惠民 . 中国农业土壤概论 . 北京：农业出版社，1982.
3. 高惠民 . 农业土壤管理 . 北京：中国农业科技出版社，1988.

朱祖祥

1916～1997

朱祖祥，男，1916 年 10 月出生于浙江省慈溪县。学会的第一、二届理事会副理事长。1938 年毕业于浙江大学农学院，获农学学士学位，1948 年在美国密执安州立大学获博士学位，回国后在母校浙江大学农学院任教授。

中华人民共和国成立后，朱祖祥特别注重土壤学方面的课程建设，1955 年组建浙江大学农学院土壤农化系，他受委托曾为一些高等院校和农业科研单位专门培养过土壤化学方面的人才。1956 年他编写了新中国成立后的第一本土壤学教材，由高等教育出版社以《土壤学》交流讲义名称出版。1960 年后，他编写了《土壤物理》、《土壤化学》、《土壤分析及研究法》等讲义，并亲自讲授和修订。1964 年农业部成立土壤学教材编审委员会，聘请朱祖祥为主任。"文化大革命"后，1977 年农业部重新召开"土化专业土壤学教材统编会议"，朱祖祥任主编。此后《土壤学》书稿经多次修改，1983 年正式出版，1988 年经国家教委评定为优秀教材。在此期间他尽心竭力为编著高质量的土壤学教材做出了贡献。

朱祖祥根据大量的土样分析表明，养分有效度不是一个单纯的含量水平问题。他证实土壤胶体上的离子饱和度，以及胶体上与植物营养离子共存的其他吸附离子（特称陪补离子）的状况同土壤养分有效度密切有关。

这两个概念可深刻阐明土壤有效养分的动态及其差异根源，为国内外同行广泛应用。他还在土壤和植物营养诊断方面，从方法、标准到速测做过系统和大量的试验。

朱祖祥于 1980 年当选为中国科学院生物学部委员（后改称院士），他还兼任许多公职，并为中国水稻研究所的建立做出过很大贡献，曾担任该所第一任所长。

代表性著作

1. Chu I S，TurK L M. Growth and Nutrition of Plants as Affected by Degree of Base Saturation of Different Types of Clay Minerals.（美）Michigan State Univ. Tech. Bull. No.214，1948.
2. 朱祖祥，洪顺山 . 从磷酸盐位探讨土壤中磷的固定机制及其有效度问题 . 土壤学报，1979，16（2）：99-109.
3. 朱祖祥 . 土壤学（土化专业用）. 北京：农业出版社，1983.

陆发熹

1912～1991

陆发熹，男，1912 年 10 月出生于广西容县。学会第一届理事会副理事长。1936 年毕业于中山大学农学院农业化学系，获农学学士学位，1938 年毕业于中山大学研究院土壤学部，获硕士学位。

1938 ～ 1948 年，陆发熹大部分时间都在四川、陕西农村进行土壤调查。1940 年他应邀到四川农业改进所工作，在乐山、绵阳、彭县、什邡等县进行土壤调查，了解农民用土、改土的措施，并在成都平原及其相邻地区开展土壤肥力研究。1942 年到中央地质调查所土壤研究室工作，被派往陕西，先后在关中平原、汉中盆地，以及洛川、韩城等地调查土壤，为陕西农业生产提供基础资料。抗日战争胜利后他回到南京，1947 年他到西沙群岛进行土壤和鸟粪磷矿资源的调查。

陆发熹是 1958 年 10 月开始的第一次全国土壤普查委员会委员，参加了审查第一次全国土壤普查成果——《中国农业土壤志》的工作。在 1978 年开始进行的第二次全国土壤普查中，他担任技术顾问组副组长、中南地区和广东省土壤普查技术顾问组组长，参加制定工作方案和土壤分类系统。他经常到南方各地考察，进行技术指导、作学术报告和成果验收，为土壤普查做出了贡献。

陆发熹还长期担任中山大学农学院和华南农学院教授，兼农化系和土壤系主任，常亲自带领学生到基层进行土壤资源调查、利用、改良规划和建立样板。1958 年他从苏联进修回国后，在华南农学院筹建了农业生物物理研究室，主要研究同位素在农业中的应用。他还受中国科学院广州分院的委托，在 1958 年建立中国科学院广州土壤研究所，后几经变更，1978 年成立广东省土壤研究所，他担任所长。

代表性著作

1. 陆发熹 . 成都平原土壤肥力之概性 . 土壤季刊，1943，3（4）：43-55.
2. 陆发熹 . 陕西中部及南部土壤概要 . 土壤季刊，1946，5（4）：163-175.
3. 陆发熹 . 广西西沙群岛之土壤及鸟粪磷矿 . 土壤季刊，1947，6（2）：67-76.
4. 陆发熹，沈梓培 . 中国农业土壤的熟化过程及肥力演变规律 . 见：中国农业土壤论文集 . 上海：上海科学技术出版社，1962：34-52.
5. 陆发熹 . 珠江三角洲土壤 . 北京：中国环境科学出版社，1988.

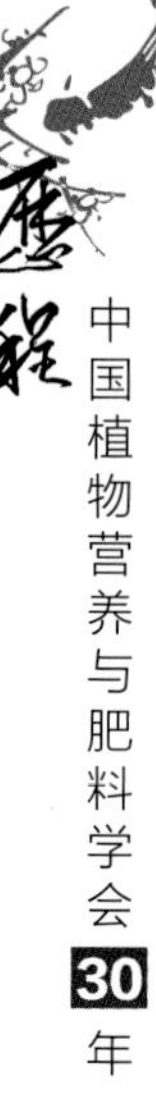

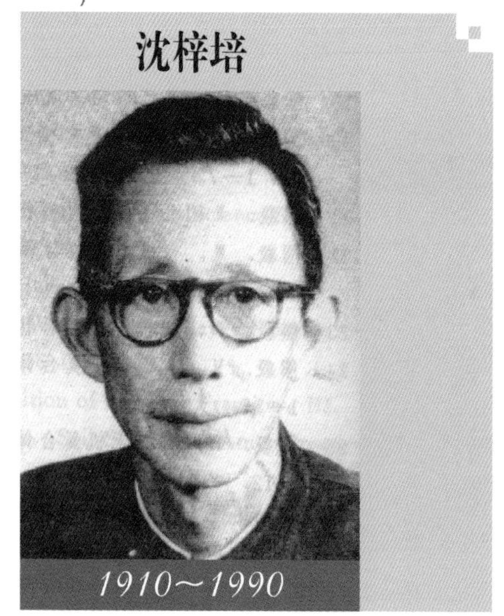

沈梓培

1910～1990

沈梓培，男，1910 年 12 月出生于浙江绍兴。学会第一届理事会的副理事长。1934 年毕业于浙江大学农学院农艺系农业化学专业。他先留校任助教，因抗日战争爆发未能随校西迁，1938 年先任中学教员，后在福建省地质土壤所工作。1947 年转到中央农林实验所（南京）水土保持系工作，任技正和系主任。1950 年组建华东农业科学研究所，后改称中国农业科学院江苏分院，他先后任研究员、系主任和土壤肥料研究所所长等职。

沈梓培在福建地质调查所工作期间，对该省一些县的土壤进行了调查，在调查中他注意土壤地理工作与农业生产实践相结合。20 世纪 40 年代末到 50 年代初，他在山东沂蒙山区和安徽大别山区进行防止水土冲刷，提高土壤肥力，合理利用坡地，发展山区农业生产的研究。1955 年他积极投入治理淮河的工作，任治淮委员会土壤总队副总队长，制定了土壤调查规划和改良利用分区方法概要，完成了 7 万 km^2 1 ∶ 20 万比例尺的淮河流域土壤图和改良利用图，主持编写了土壤调查报告。20 世纪 80 年代，第二次土壤普查中，他不顾年迈体弱，经常深入县、乡了解情况，进行技术指导。

沈梓培在学术上的另外一项贡献是提出土壤肥力建设问题，强调土壤培肥对低产土壤改良的作用，在国内较早地提出消除土壤低产因素必须和培肥土壤相结合的论点。在 20 世纪 60 年代，他还和中、青年科技工作者一起，较早地提倡绿肥施用磷肥，“以磷增氮”和“以小肥换大肥”的措施。他还对江苏省的次生盐渍化进行了调查，提出了防治的建议。

代表性著作

1. 沈梓培．福建闽清县及闽江南岸之土壤．福建地质土壤调查所土壤报告第十号，1945.
2. 沈梓培．淮河流域土壤改良利用分区方法概要．土壤学报，1957，5（3）：189-194.
3. 沈梓培，黄东迈，白纲义，等．水稻土晒干措施的增产效果及其与土壤性质的关系．土壤学报，1959，7（Z2）：124-134.
4. 沈梓培．农业生产中培养地力的意义和途径．中国农报，1961，（11）：15-18.

张乃凤

1904～2007

张乃凤，男，1904年3月出生于浙江省湖州的南浔镇。学会第一届理事会副理事长。1927年自费留学美国。1930年毕业于康奈尔农学院，获农学学士学位。1931年毕业于威斯康星大学研究生院土壤系，获硕士学位。他于1931年回国，受聘于金陵大学任副教授、教授，讲授土壤学和肥料学两门课程。1935年夏转到中央农业实验所任技正、土壤肥料系主任，潜心从事研究工作。1944～1945年赴美国协助联合国善后救济总署编制中国战后善后救济用化肥计划，1946年回国后兼任农林部农业复兴委员会上海办事处负责善后救济用化肥的接受和分配工作。1950年调北京，任农业部参事。1952年任华北农业科学研究所研究员。1957年任中国农业科学院研究员，土壤肥料研究所副所长。

张乃凤于1956年和1960年两度参与我国科学技术长远规划的制定工作，为规划我国科技事业，尤其是土壤肥料事业贡献了力量。

张乃凤是我国化肥田间试验的先导和全国化肥试验网的组织者。1936年在南京永利化学公司的资助下，他在江苏、安徽、山东、河北、河南、山西、陕西、湖南、江西9省开展了氮、磷、钾肥料三要素的田间试验，试验统一设计，统一发放肥料，统一田间排列方法，在施肥播种和收获等关键时刻，他和助手姚归耕等亲临各试验点操作。抗日战争期间，肥料田间试验继续在四川、贵州和云南等省进行，先后历时 3 年，共取得 156 个三要素试验结果。从这些试验结果中，得出我国农田土壤普遍缺氮、部分缺磷、钾素较为丰富的结论。张乃凤等将其整理成《地力之测定》一文发表。这是我国化肥使用研究上的一项开创性工作，对我国化肥生产和使用，以及肥料田间试验有深远影响。1957 年农业部决定组织全国化肥试验网，责成张乃凤负责设计和组织实施，试验内容从三要素肥效试验，扩展到氮肥品种比较，氮、磷化肥施用方法等。

张乃凤在我国肥料研究上的另外一项工作是研究和推广微量营养元素肥料，特别是锌肥。早在 20 世纪 60 年代初他就开始了微量元素肥料的研究。70 年代在山东，他和中青年科技人员一道，收集了山东省 108 个县（市）的农田土样 1700 多个，经分析绘制了山东省土壤速效锌分布图，同时，研究了锌肥的高效施用地区和施用方法，取得了明显的效果。

代表性著作

1. 张乃凤．地力之测定．土壤季刊，1941，2（1）：69-112.
2. 张乃凤．我国五千年农业生产中的营养元素循环总结以及今后指导施肥的途径．土壤肥料，2002，（4）：3-4，10.

姚归耕

1906～1992

姚归耕，男，1906年2月生于江苏省吴县。学会第一届理事会的副理事长。1933年毕业于金陵大学农学院，并留校任助教，除指导学生进行土壤学和肥料学的实验外，还和张乃凤在学校试验农场进行肥料试验。1935年姚归耕转入中央农业实验所工作，再度与在该所任土壤肥料系主任的张乃凤师生合作共事，成为张乃凤在全国十余个省部署肥料三要素试验的主要助手，为此付出了辛勤的劳动。

中华人民共和国成立后，姚归耕曾在上海任华东农林部技正和在北京任中央农业部技正，参与全国土地利用的技术行政工作。1951年他应邀到上海复旦大学农学院任教授，1952年全国高等院校院系调整，到沈阳农学院土壤农化系任教授，从此又开始了他的教学生涯。他不仅亲自担任专业课的教学任务，更注意中青年教师的培养和课程建设，在该系增设了“生物化学”和“同位素农业应用”两门课程。1964年在他的倡导和主持下，组织全国重点农业院校拟订了“农业化学研究法”教学大纲。以后这些课程都已成为农业院校和土壤农化专业的必修基础课和专业课。

姚归耕是我国肥料长期定位试验的积极倡导者。他在沈阳农学院农场建立了我国第一块长期定位试验地，观测不同施肥处理对土壤肥力的影响，并在中国土壤学会第三次全国代表大会暨学术年会上报告了长期定位试验方案和试验的初步结果，引起了全国同行的注意，推动了这一学科基本建设的开展。此后，肥料长期定位试验虽几经起落，但他始终坚持不渝。

代表性著作

1. Yao K K. FAO. Monograph on Special Topic by Agricultural Specialist. Fertilizer in China，1947，10.
2. 姚归耕，金耀青 . 略论土壤肥料长期定位试验的意义和作用 . 土壤通报，1979，（4）：1-3，10.

朱莲青

1907～1991

朱莲青，男，1907 年 8 月生于浙江省嘉兴县。学会第一届理事会的学术顾问。1933 年毕业于金陵大学农学院，获农学学士学位。他先后在中央地质调查所土壤研究室、农林业部林业实验所、农业部土地利用局、农垦部荒地勘测设计院、农牧渔业部土地利用局等单位工作，毕生从事土壤调查，足迹遍布全国各地，是一位名副其实的掌握大量第一手资料的土壤学家。

朱莲青在学术上对土壤发生学持独特的见解。他认为在我国土壤母质对土壤属性的影响常居主导地位，可超过气候。例如，西北地区大面积分布的黄土，华南的第四季红色黏土等。他强调应将人为活动作为主要的成土因素对待，水耕种稻就是影响最为显著的人为活动。他对土壤分类和命名提出过一些原则性的意见，如土壤分类是土壤性状分类，而不是土壤成因分类，表达时要用看得见、摸得着的客观存在来描述。对外国的土壤分类制一定要参考借鉴，但是不能照搬，要有中国的特色。土壤性状分类应适应世界潮流，采用多极分类制，这个分类制和命名法要能体现土壤发生发展的演变规律，并能体现我国的特殊情况。

朱莲青和侯光炯、李连捷一道，首次将常年植稻土壤命名为“水稻土”（1935 年）。他连续撰写多篇论文，从各方面论证将水稻土作为一个独立土类的合理性和必要性，并详细阐述了水稻土的成因和状态特点。

朱莲青还具体领导了1978年开始的第二次全国土壤普查工作。从组织普查委员会、制订实施计划、培训各省骨干，到开展试点工作，他都亲自过问，并进行协调和辅导。

代表性著作

1. 朱莲青．水稻土的构造．土壤季刊，1940，1（2）.
2. 朱莲青．初论我国水稻土的生成与发育规律．土壤肥料，1982，（2）：11-16.
3. 朱莲青，李象榕．浅议土种的划分和命名．见：中国土壤学会土壤发生分类和土壤地理专业委员会编．中国土壤学会中国土壤土属土种分类研究，南京：江苏科学技术出版社，1987：47-53.
4. 朱莲青，李象榕．论土属的区分及其命名．见：中国土壤学会土壤发生分类和土壤地理专业委员会编．中国土壤学会中国土壤土属土种分类研究，南京：江苏科学技术出版社，1987：90-95.

黄瑞采

1907～1998

黄瑞采，男，原籍湖南省长沙市，1907年3月出生于江苏省南京市。学会第一届理事会学术顾问。1924年进入金陵大学攻读水土保持学科。1926年参加北伐战争。1927年秋再次进金陵大学农学院，1929年毕业，因成绩优异获校方颁发的“金钥匙奖”。1937年在美国获硕士学位。

黄瑞采先后在中央大学、金陵大学、南京农学院和江苏农学院等高等院校任教长达60余年，且教书、育人、科研三丰收。在教学方面，他曾担任教授、系主任等职，讲授过“水土保持学”、“气象学”、“土壤学”、“肥料学”等12门课程，亲自编写多种教材。在20世纪50年代全国缺乏统一的土壤学教材情况下，他编写的《土壤学——土壤学基础及土类各论》于1958年出版，是高等院校有关师生的重要参考书。

黄瑞采在土壤分类学上有三大成果。他对我国变性土和变性土型土壤的地理分布规律，变性土的基本类型及其主要性质进行了研究，结果表明，我国变性土主要分布在豫、皖、鲁、苏、鄂等省的砂姜黑土地区，以及琼、雷、闽东南玄武岩台地和广西、云南等地，纠正了国外出版的世界土壤图中关于中国变性土主要分布在鄱阳湖和洞庭湖流域等地的错误。他对苏、鲁交界地区的白浆土的形成发育进行研究，认为其上部土体是晚更新世末至全新世初干冷环境中洪积－冲积物，而下部土体是残余的、具有不同起源历史的古土壤，以翔实的资料、鲜明的观点丰富了我国白浆土的形成学说。他在国内首次运用石英砂颗粒表面超微结构的特征来推断其成因，为研究土壤发生学提供了新的、更有效的方法。他还在白浆土起源研究中引进了石英颗粒表面热释光谱法，为研究有机碳含量低的土壤年代提供了一条新途径。

代表性著作

1. 黄瑞采，裴保义，黄宗道．水稻肥料试验九年总结．中国农学会会报，1948，（188）：1-12.
2. 黄瑞采．土壤学——土壤学基础及土类各论．上海：上海科学技术出版社，1958.
3. 黄瑞采，吴珊眉．中国变性土变性土型土的地理分布．南京农业大学学报，1987，（4）：63-68.
4. Huang R T，Ma T S. A Micro-morphological Study of Some Soils of the Lower Yangtze River and the Lower Huai River Plain. 8th Intern. Congress of Soil Science，Romania，1964.

侯光炯

1905～1996

侯光炯，男，1905年5月出生在江苏省金山县（今属上海市）。学会第一届理事会的顾问。1928年毕业于北平大学农学院农业化学系。1931年进入中央地质调查所，1937年晋升为该所土壤室主任。1946年侯光炯转入四川大学任教授，1952年全国院系调整后到西南农学院任教授。1956年兼任中国科学院重庆土壤研究室主任。1978年任中国科学院成都分院土壤研究室主任。他在土壤调查方面做了大量工作，是我国最早将常年种植水稻的土壤命名为"水稻土"的学者之一。他承担了云南橡胶宜林地的考察，长江上游的土壤调查，四川盆地紫色土的分类分区等工作。他对土壤粘韧性有独到的研究。侯光炯长期教书育人，在1973年以后，深入农村长达18年之久，在对土壤肥力的认识，土壤肥力的培育和土壤耕作技术方面，提出了一些新的观点和措施。他于1955年被遴选为中国科学院生物学部委员（后改称院士），曾被选为第一、二、三、五、六、七届全国人大代表，1986年获全国"五一"劳动奖章，1989年被授予全国劳动模范称号。

侯光炯在长期的科研和生产实践中，提出土壤生理性的新观点和土壤肥力具有自我调节功能的设想，提出土壤肥力是指土壤能够稳、匀、足、适地满足植物水、肥、气、热需要的能力。这两者周期性变化的协调程度好，肥力高，反之，则肥力低。另外，他还提出土、水、林综合治理的培育土壤肥力的新途径。他还利用这些理论和设想为指导，为四川冬水田区制定冬水田的自然免耕技术，达到省功省水、一田多用、增产增值的目的，并在一些省市推广。

代表性著作

1. 侯光炯，朱莲青，李连捷．河北省定县土壤调查报告．土壤学报，1935，（13）．
2. 侯光炯．土壤粘韧率及粘韧曲线．土壤学报，1952，2（1）：13-29.
3. 侯光炯．农业土壤生理性．西南农学院学报，1960，（1）．
4. 侯光炯，高惠民．中国农业土壤概论．北京：农业出版社，1982.
5. 侯光炯，赖守悌，谢德体，等．水田自然免耕技术综合研究报告．西南农业大学学报，1987，（S2）：46-65.

彭克明

1905～1990

彭克明，男，1905 年 12 月出生于河北省晋县。学会第二届理事会学术顾问。1929 年毕业于河北大学农科。1939 年、1946 年分别获美国伊利诺斯大学硕士和博士学位。1947 年回国，先在河北大学农学院，后到北京大学农学院和北京农业大学任教授，主讲肥料学、土壤学、盐碱土改良学等课程。1950 年，他两次参加开垦东北和青海柴达木盆地的科学考察。1956 年他筹建北京农业大学土壤农业化学系的农业化学教研室，并长期任教研室主任，主讲农业化学研究法、土壤化学等课程。他还应聘在中国科学院植物研究所、北京师范大学地理系兼职。

彭克明长期在美国伊利诺斯大学学习和工作，深受该校轮作、肥料长期定位试验的影响，他第一个将植物营养与土壤肥力长期定位研究相结合的方法引入我国。他于 1956 年、1962 年布置轮作与施肥相结合的长期定位试验，后因学校师生下放和“文化大革命”等而中止，直到 1978 年后才得以实现这一目标。他也是国内建议并建成渗滤水采集装置（lysimeter）研究肥料中养分来龙去脉的第一人，这项工作同样也几经周折，但他在这些方面的开创性工作，在国内产生了一定的影响。

彭克明早在留美时就从事土壤中钾的固定和释放的研究，在 20 世纪 60 年代初，他把这一研究结果推论到与钾离子半径和特性相似的铵离子，他的这些研究结果和设想，是指导氮、钾肥使用的理论基础。

彭克明于 1957 年参加国际肥料会议时宣读了《中国的堆肥》的论文，向国际上介绍了我国施用有机肥料的理论和实践。他于 1980 年邀请德国霍恩海姆大学植物营养系主任马斯纳来华讲学，系统介绍国际上植物营养学的进展情况，为国内建立这一专业和编写相关教材打下了基础。他和裴保义于 20 世纪 70 年代末共同主编了《农业化学（总论）》大学本科教材。

他于 20 世纪 50 ～ 70 年代培养了众多的农业化学专业和作物营养和施肥专业的研究生，日后他们中的多数成为我国这一学科的骨干和领导。

代表性著作

1. Peng K M. Amount and Rate of Removal of Fixed Potassium From Soil by Growing Plants. Illinois University，1946.
2. 彭克明 . 中国的堆肥 . 见：国际肥料会议论文集 . 莫斯科，1956.
3. 彭克明，裴保义 . 农业化学（总论）. 北京：农业出版社，1979.

李连捷

1908～1992

李连捷，男，1908年6月出生于河北省玉田县。学会第二届理事会学术顾问。1932年毕业于燕京大学理学院，获学士学位。1941年在美国田纳西大学农学院获理学硕士学位。1949年在伊利纳斯大学农学院获博士学位。1932～1940年在中央地质调查所任调查员、技师，1945～1947年任该所研究员。1944～1945年在美国被联邦地质调查局聘为专家。此后他一直在北京大学农学院和北京农业大学任教授，曾任土壤系主任，兼任全国农业遥感应用级培训中心主任、中国科学院新疆综合考察队队长等职。他是成立中国土壤学会的发起者之一，并于1945年当选为中国土壤学会第一届理事长。1955年当选为中国科学院生物地学部学部委员（后改称院士）。

李连捷毕生从事土壤调查，在此基础上，对我国土壤分类提出了许多新见解。在20世纪30年代，他和同事先后对渭河流域、长江下游的安徽、江苏、浙江等省的近百个县进行土壤调查和分类研究。他往返于大江南北，徒步万里，采集了大量土样，对太湖流域、长江三角洲进行了土壤成因及地貌的分析，还绘制了十万分之一的水稻土分布图。他还和美国土壤学专家梭颇（James Thorp，1896～1984年）一起到两湖、江西等地调查红壤的发生和分布，提出了许多新的土壤类型。此后他又赴山西五台山山地、汾河河谷等地考察土壤，深入到福建沿海、广东、广西和贵州进行土壤调查。他对红壤、黄壤的形成撰写了3册著作，并首次就土壤分类提出了3个土纲，即自型土纲、水型土纲和复成土纲。

李连捷立足土壤，多次带队或参加西藏、新疆、海南、内蒙古等地的，包括土壤、气候、植被、地质、地貌、农学、畜牧、水利等内容的综合考察，为利用和改造当地土地资源、发展农林牧副业生产做了规划或提出了建议。

代表性著作

1. 李连捷．广西南宁盆地红壤之分布及其地文意义．中国地质学会会志，1936，15：1-15.
2. 李连捷，熊毅，侯学煜．贵州中南部土壤．土壤专报，1940，(21)：1-70.
3. 李连捷，郑丕尧，庄巧生．西藏农业考察．北京：科学出版社，1954.
4. 李连捷，辛德惠．内蒙河套地区灌溉农业的发展和盐土改良分区．中国农业科学，1964，(4)：14-21.

李庆逵

1912～2001

李庆逵，男，1912年12月出生于浙江省宁波市。学会第二届理事会学术顾问。1932年毕业于上海复旦大学化学系。他于1942年赴美国伊利诺斯大学研究生院深造，分别于1944年和1948年获硕士和博士学位。出国前后他一直在中央地质调查所土壤研究室和在此基础上组建的中国科学院南京土壤研究所工作，任研究员、副所长和名誉所长等职，1956年当选为中国科学院学部委员（后改称院士）。

李庆逵在20世纪30年代首先引进欧美的土壤化学分析，并选择了适合我国土壤类型和国情的土壤分析方法，于1937年编写出版了我国第一部《土壤分析方法》，1953年出了新版本，1958年再版，成为我国20世纪30～70年代一本重要的工具书。

李庆逵对红壤的发生、分类及其基本属性进行了系统研究，提出了“在自然植被下，红壤不一定是风化壳”的论点。根据红壤的化学性质，他指出了在红壤荒地的利用中，“磷肥、石灰将有极大量的需要，钾肥有一定的重要性”，“只有当矿质养分得到一定程度保证以后，才能通过生物作用固定一部分空气中的氮素，以缓和氮肥的需要”的论点。1985年他主编了《中国红壤》一书。

李庆逵和他的同事对我国土壤中的钾素、微量元素的含量、分布、形态、转化规律及施肥效应等进行了全面系统的研究，尤其在土壤磷素形态和磷肥合理施用，磷矿粉的直接施用等方面，做了许多开创性的工作，对我国磷肥工业的发展和合理布局也有重大意义。

李庆逵在我国橡胶北移的工作中，对幼龄胶树的氮磷肥用量和利用磷矿粉作基肥等方面做了试验，提出了相应建议。

李庆逵热心土壤学会活动，重视国际学术交流。他是中国土壤学会第二、三、四、五届理事长，改革开放后他努力促进国际土壤学会接纳中国土壤学会为团体会员和理事国成员。他和同事积极筹备主持召开了“国际水稻土讨论会”、“国际红壤学术讨论会”等会议，促进学术交流和对外联系，为中青年土壤科技工作者跻身于国际土壤学界创造了条件。

代表性著作

1. 李庆逵，鲁如坤，陈家坊．土壤分析法．北京：科学出版社，1953.
2. 李庆逵．土壤磷素性质及磷肥品种对于作物生长的影响．1964 年北京科学讨论会论文集，1964：3-68.
3. 李庆逵．中国红壤．北京：科学出版社，1983.
4. 李庆逵，蒋柏藩，鲁如坤．中国磷矿的农业利用．南京：江苏科学技术出版社，1992.

宋达泉

1912～1988

宋达泉，男，原籍浙江绍兴，1912 年 1 月出生于辽宁省沈阳市。学会第二届理事会学术顾问。1934 年毕业于浙江大学农学院。1934 ～ 1945 年先后在浙江省建设厅化学肥料管理处、北京地质调查所、南京地质调查所和福建地质土壤调查所工作，任技士、技师、技正等职，从事土壤和自然资源的调查研究工作。1945 ～ 1946 年在美国康奈尔大学、密苏里大学等进修和考察。新中国成立后，他在东北农林部、中国科学院林业土壤研究所等单位工作，任研究员、副所长兼土壤研究室主任，从事东北自然资源和土壤、全国海涂资源和土壤调查。

宋达泉工作早期对浙江省杭县、云南省西部的土壤进行调查，研究了该地区的主要土类。在福建省工作期间，采用路线调查为主的方法，和同事一道用 3 年时间，完成了 1 ∶ 50 万全省土壤图。1950 年他接受东北人民政府农林部邀请，到沈阳筹建东北土壤调查团，并任团长，组织东北各方面的土壤科技人员，分组开展东北地区荒地调查，历时 3 年，基本摸清了东北地区土壤类型、性质，提出了开发规划。并与其他专家一道在黑土、盐土和风砂土地区，建立了定位研究试验站。

1954 年宋达泉参加筹建中国科学院土壤研究所东北分所（后改为中国科学院林业土壤研究所）。1956 年他参加中苏黑龙江流域自然资源综合考察。根据 20 世纪 50 年代以来的调查研究结果，宋达泉组织有关专家撰写了《中国东北土壤》和《中国东北地区自然资源图集》。他创建了我国森林土壤学科的研究方向，主持编写了《中国森林土壤》（草稿）。

宋达泉的另外一重要工作，是 1978 年承担了全国海涂资源调查任务，筹备成立温州调查试点，组织制定了《土壤调查简明规程》。他提出了关于滨海盐土形成的学术见解，认为滨海盐土是一个土类，海涂土壤－潮滩盐土是其亚类。他主编完成《中国海岸带土壤》专著。

代表性著作

1. 宋达泉，席承藩，朱显漠 . 土壤调查手册 . 北京：科学出版社，1955.
2. 宋达泉 . 关于发展森林土壤学的问题 . 科学通报，1960，（1）.
3. 宋达泉 . 中国东北土壤 . 北京：科学出版社，1980.
4. 宋达泉，胡思敏 . 中国海涂资源 . 见：国际盐渍土改良学术论文集 . 北京：农业出版社，1985.

陈恩凤

1910～2008

陈恩凤，男，江苏句容县人，1910年12月出生。学会第二届理事会的学术顾问。1933年毕业于金陵大学，获农学学士学位。1935～1938年在德国柯尼斯堡（Konigsberg）研究院学习，获理学博士学位。回国后在中央地质调查所土壤研究室任技师，1940年任中国地理研究所副研究员。1943年任复旦大学教授、农艺系主任。1952年全国高等院校院系调整后，历任沈阳农学院教授、土壤农化系主任、院长。1954年兼任中国科学院林业土壤研究所农化室主任。陈恩凤还兼任第三届全国政协委员，第三、五、六、七届全国人大代表，是国务院学位委员会第一届农学评议组成员。他是中国土壤学会成立的发起人之一，曾任副理事长。

陈恩凤在土壤地理、土壤肥力和土壤改良等方面颇多建树和独创性见解。他早期从事土壤调查和分类研究。他认为耕作（农业）土壤由自然土壤经过耕作发育而成，与自然土壤有亲缘关系，它们之间有共性，也有特殊性，二者应该纳入一个统一的土壤分类系统，才有利于研究和利用。他的这一观点得到多数土壤家和中国土壤学会的确认，对确立耕作土壤在土壤分类系统中的地位有重要作用。

陈恩凤根据对不同耕作历史和不同肥力水平的黑土、棕壤、红壤、水稻土的多年研究，认为土壤微团聚体组成状况很可能是土壤水分和养分保储和释供的关键机制，与土壤肥力水平明显相关，可作为衡量土壤肥力水平的综合指标，其组成可通过使用有机质肥料和沸石等加以调整。

陈恩凤及其同事在吉林省郭前旗灌区的盐碱荒滩上建起我国东北地区最早的长期定位观测点，通过多年观测，肯定了苏打盐土进行种稻改良的长期有效性和以水肥为中心的综合改良盐碱土措施。

代表性著作

1. 陈恩凤 . 农业土壤的形成与分类问题 . 见：中国农业土壤论文集 . 上海：上海科学技术出版社，1962.
2. 陈恩凤 . 关于土壤肥力实质研究的来源和设想 . 中国土壤与肥料，1978，(6) .
3. 陈恩凤，王汝槦，胡思敏，等 . 吉林省郭前旗灌区苏打盐渍土的改良 . 土壤学报，1962，10（2）：201-215.
4. 陈恩凤 . 土壤肥力物质基础及其调控 . 北京：科学出版社，1990.

程学达，男，1913 年出生于安徽省怀宁县。学会第二届理事会学术顾问。1937 年毕业于南通学院农业化学系，20 世纪 40 年代在浙江农业技术改进所工作和浙江大学农学院、南通学院等院校任讲师、副教授，新中国成立后在浙江农业科学研究所任技师、土壤农化系主任、副所长。1960 年成立浙江省农业科学院，并与浙江农业大学合并，程学达任土壤农化系主任、土壤肥料研究所所长，1965 年院校分开，他出任土壤肥料研究所研究员、所长，直到 1987 年 7 月病逝。

程学达在 20 世纪 50 年代就对浙江的主要土壤类型红、黄壤的资源、肥力和生产利用状况进行调查研究，并在衢县、金华等地设立低产田改良基点和红壤试验站，开展了以水利、土壤为基础的综合试验研究，包括改变种植制度和栽培措施，扩大肥源，提出改造低产田的配套技术措施，大幅度提高了当地的粮食产量。

程学达积极倡导发展稻田冬季绿肥紫云英和水生绿肥绿萍。他在紫云英的品种选育和高产栽培方面做了不少工作，提倡在紫云英上增施磷肥，提高紫云英产量，耕翻后增加土壤氮素和有机质含量，提高土壤肥力，达到增产粮食的目的，即“以磷增氮，以氮增粮”的措施。

程学达在 1955 年开始研究并提出石灰氮拌土堆沤后施用的方法，他还发现石灰氮在当地施用，有防治血吸虫的作用。在他的建议下，在水电资源丰富的浙江省衢县建立了石灰氮肥厂。在他的早期研究中，发现磷矿粉直接施用的效果不好，因此其在 1956 年开展了制造熔融磷肥的试验，提高其中的枸溶性磷含量，对以后浙江发展钙镁磷肥有启发和推动作用。同时，他还是较早提出在我国南方应施用钾肥提高产量和产品质量的土壤肥料工作者之一。

在两次全国土壤普查中，他是浙江省土壤普查的技术负责人。

代表性著作

1. 程学达，庄德惠．过磷酸钙对紫云英和黄花苜蓿的效果及其对后作的影响．华东农业科学通报，1956，（12）：639-642.
2. 程学达．浙江土壤志．杭州：浙江人民出版社，1964.
3. 程学达，叶国添，彭玉纯，等．浙江省小麦施用矿质磷肥的效果试验．浙江农业科学，1964，（11）：532-536.

徐督

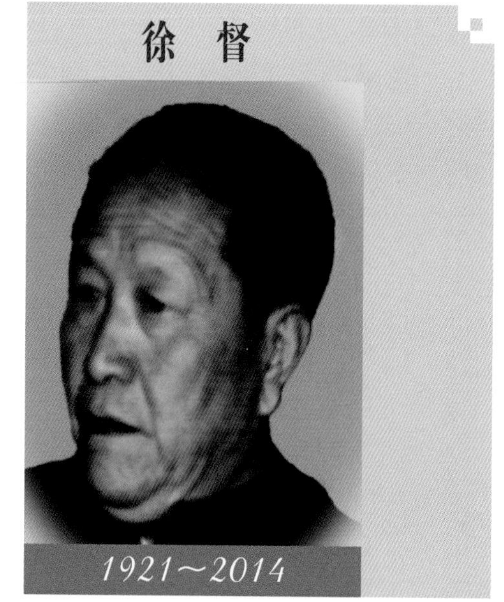

1921～2014

徐督，1921 年 7 月生于山东省日照市。学会第二届理事会学术顾问。1940 年 10 月加入中国共产党并参加革命工作。历任山东滨海区公安局科员，东海县公安局局长，华东建大指导员，北京市石景山区公安分局、京西矿区公安分局局长，南苑区委副书记，北京市农办副主任，北京市农业科学院党委书记、院长等职。

1941~1948 年，徐督同志历任山东省东海县土改工作组组长、公安局股长、副局长、局长、东海县新民区区委书记。他带领干部群众从事地下活动，积极宣传党的方针、政策，为抗战的胜利和民族的解放做出了应有的贡献。1946 年在自卫战争中，他带领武装工作队，深入敌区，全歼敌还乡团团部，收缴了枪支弹药，在战争中两次荣立战功，受到滨海军区嘉奖。

自 1949 年 4 月起，调任北京市，历任石景山区公安分局分局长、市公安局办公室秘书、京西矿区公安分区委副书记、分局局长、市公安局农保处处长、南苑区委副书记，1958 年，中国农业科学院建院，徐督同志任北京市农科院院长，参与了北京市农科院的创建工作，是北京农科院的创始人。他为当时的农业、蔬菜、果树、畜牧兽医、养蜂、水产、农机、土肥 8 个研究所（室）的设置、建设和发展起到了关键的作用。他深入基层，广交朋友，倾听广大干部职工和科研人员的意见，及时帮助职工解决实际困难，深受广大科技工作者和全院职工的欢迎和爱戴。

1972 年 12 月，徐督同志担任北京市农科院党委书记，他更加严格要求自己，努力学习马克思列宁主义、毛泽东思想，他忠实地贯彻执行党中央和市委市政府关于农业科技工作的各项方针政策，大力推动科研人员送良种下乡，送科技下乡，倾听农民的意见，为农民增收致富做出了重要贡献。1985 年 10 月离休。

华孟

1919～1999

华孟，男，1919年10月出生于北京。学会第二届理事会副理事长。1942年毕业于中山大学农学院，获农学学士学位。1946年获中山大学农学硕士学位。1945～1947年任台湾省农业实验所农业化学系技正。1947年回中山大学任讲师。1949年后历任北京农业大学土壤农化系讲师、副教授、教授。1985年任中国农业科学院土壤肥料研究所兼职研究员。

在近半个世纪的岁月里，华孟一直在农业教育岗位上工作，他承担“地质学”、“土壤化学分析”、“肥料学”和“土壤物理学”等课程的教学任务，但他的教学和研究的重点是土壤物理学，着重于土壤水分。在1970年以前，我国土壤学界大多从形态学方面研究土壤水分，用水分常数来表示土壤中水量的多少，而欧美各国已普遍运用能量观点研究土壤水的保持和运动。为此，华孟和叶和才等合作，翻译了多本国外介绍土壤水的能量观点及其应用的书籍。从美国、加拿大考察回国后，他组建了“土壤物理学教研组”，为国内农业院校举办了土壤物理学教师进修班，为研究生开设了土壤物理学学位课，并与国外开展了这方面的交流，推动了土壤物理学在我国的发展。

华孟根据多年致力于土壤水分与植物关系的研究，提出了“持久型节水农业”的观点。通过对“土壤－植物－大气连续体”（简称为SPAC）中水势的定量研究，认为在华北地区，只要合理调节和管理水分，在不超采地下水的情况下，一年两季可获得亩产 600 ～ 750kg 粮食。这一产量在华北平原不是最高的，但因保持生态平衡和节约用水而受到重视。

代表性著作

1. 华孟 . 土壤墒情和旱地保墒 . 北京：北京出版社，1966.
2. 华孟 . 土壤水 . 见：朱祖祥 . 土壤学 . 北京：农业出版社，1983：104-158.
3. Hua M. Dryland soil water evaporation and crop uptake in North-China Plain. Proceedings of the International Symposium on Dryland Farming，1987：176-190.

段炳源

1933～2013

段炳源，男，1933年4月出生，四川成都人，大学本科学历，学士学位。学会第二、三届理事会副理事长。1956年8月毕业于重庆西南农业大学土化系。1957年8月到广东省农业科学院工作。1984年3月任广东省农业科学院土壤肥料研究所所长，1993年3月晋升研究员专业技术职务资格，曾任中国植物营养与肥料学会第二届副理事长、中国农业科学院学委会委员、《土壤学报》编委会委员、广东省农学会常务理事、加拿大磷钾肥研究所北京办事处技术顾问委员会委员。1992年享受国务院政府特殊津贴。

他长期从事土壤调查和改良、绿肥、土壤微生物和作物高产施肥技术研究及科研管埋工作，在科研工作中做出了突出贡献。参与研究的“蕨状满江红孢子果丰产及育苗技术”获1983年国家发明三等奖，主持的“红萍（满江红）结孢习性和有性苗应用研究”获1978年广东省技改四等奖，“南方七省提高钾肥效应的研究”获1991年农业部技术进步奖三等奖，“土壤肥力和肥料效益监测系统研究”于1992年年初通过部级成果技术鉴定。他参与编写的《中国南方农业中的钾》是国内第一本钾肥专著，本书对我国南方钾肥研究的成果和有价值的资料做了全面系统的总结和论述，具有较高的学术水平和实用价值，他任该专著的编委会副主任，对完成此书的编著和出版发挥了重要作用。他还合作撰写了《广东省肥料的发展与展望》和《实用化肥手册》等著作。

方成达

1914～2015

方成达，男，1914年生，上海市崇明县人。学会第二届理事会学术顾问。1939年毕业于浙江大学，留校任助教，又任农校土肥、化学教员数年，其后在土壤、林业等科研单位从事土壤和水土保持研究工作，1949年秋调东北，先后担任锦州市农科所、熊岳农科所和中国农业科学院辽宁分院（现辽宁省农业科学院）土壤肥料研究所领导职务并从事科研工作，还兼任辽宁省土壤学会及辽宁省水利学会理事、秘书长、副理事长职务20多年，为研究所、学会的建设与发展做出了贡献。1958～1961年还负责辽宁省第一次土壤普查的业务领导工作。1979年以后担任辽宁省农业科学院土壤肥料研究所所长职务，并受聘为辽宁省第二次土壤普查技术顾问组组长及全国和东北区土壤普查顾问组成员。

方成达是民盟成员，辽宁省政协委员，辽宁省有名的土壤和水土保持专家，长期担任土壤肥料研究所的领导职务和从事土壤及水土保持方面的研究工作，具有坚实的理论基础和丰富的实践经验，为发展辽宁农业生产和土肥科技事业做出了很大贡献。他的主要著作：《土壤侵蚀》是一本讲授土壤侵蚀基本原理和基本知识的教材，是水土保持的理论基础；《旱田灌溉》一书介绍了旱田灌溉的重要作用，旱田灌溉的基本建设和灌溉方法等；他主编的《辽宁土壤》是辽宁省第一本关于辽宁省土壤方面的资料，全书约有 50 万字。此外，他还撰写了《绕阳河流域水土保持区之土壤及土地利用规划》、《关于东部山区建设方针问题》、《水土保持与农业现代化》、《关于小流域规划中侵蚀土壤的调查分类和制图问题》等论文。他参加的“辽宁省第二次土壤普查分类系统的研究”，1984 年获得省农牧厅技术改进一等奖。在工作期间，他还 4 次为辽宁省水土保持干部培训班授课，并编著教材。

张世贤

1931～

张世贤，男，1931 年 8 月出生于湖北武汉。学会第二、三、四、五届副理事长，第六、七届理事会学术顾问。1954 年毕业于华中农业大学土壤农化系。他先后在水电部海河土壤队、中国科学院土壤调查总队、长江土壤调查大队做勘测工作，1959 年任农业部土壤勘测设计所土壤队队长、农田水利局农艺师、土地利用局土壤改良处、土壤肥料处处长，1984 年任农业部农业司副司长、教授级高级农艺师。

他先后兼任中国农业大学、浙江农业大学、华中农业大学客座教授，农业部农业司专家顾问组总顾问、中国科学院南京土壤研究所及中国农业科学院特约研究员、中国土壤学会常务理事、中国农业博物馆顾问、农业部科技推广学会荣誉顾问、中国种子学会常务理事、中国农学会理事、全国生态专家组专家。

20 世纪 50 ～ 60 年代，他参加了黄河、长江灌区流域规划土壤勘测化验、制图工作，为北疆荒漠变绿洲、南方红黄壤改良利用和北方土壤次生盐渍化防治提供科学依据。

担任农业部农业司副司长后，分管土壤、肥料、种子、农业技术推广等方面工作，曾先后两次参加全国土壤普查鉴定工作。率团赴美国、加拿大、日本等十国进行土壤、肥料、良种和生态等农业考察。三次参加在泰国召开的“亚太经济社会发展会议”,在会上宣读了“中国农业发展与展望”、“中国土壤普查鉴定”、“中国生态农业与减灾”等报告，并被推荐为大会执行主席、副主席。

江朝余

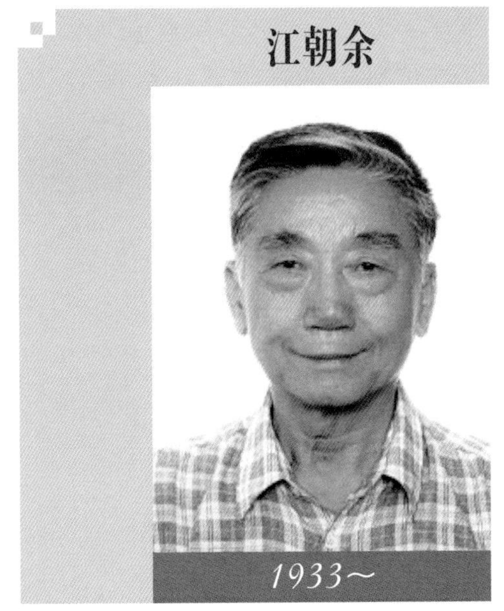
1933～

江朝余，男，1933 年出生于重庆市巴县，土壤肥料和种质资源专家。学会第二届理事会常务理事、秘书长。1956 年毕业于西北农学院农田水利系水利土壤改良专业，随后被分配到中国农业科学院，先后在土壤肥料研究所、作物品种资源研究所从事研究工作。曾任湖南祁阳低产田改良工作组组长、工作站副站长，土肥所办公室副主任、所长（1984 年 12 月至 1986 年 11 月），品种资源研究所种质储存研究室主任、副所长（正所级）、研究员；曾兼任中国农学会品种资源研究会副主任、中国农业科学院学术委员会委员、《作物品种资源》杂志编委，并应邀担任国际杂志《遗传资源与作物进化》编委。1981 ～ 1983 年作为访问学者在美国农业部国家种子储藏实验室进行合作研究。

1960 ～ 1965 年，在湖南祁阳官山坪主持“冬干鸭屎泥水稻‘坐秋’及低产田改良研究”，使水稻亩产由 150kg 提高并稳定至 300kg。1963 年在湖南省约 27 万 hm^2 低产田推广其技术，增产稻谷 2 亿 kg 以上。1964 年被国家科委授予重大科技成果奖。

“六五”期间主持“农作物品种资源长期贮藏理论和方法的研究”，主持建成由我国自行设计、全部采用国产设备的第一座现代化国家种质资源库。“七五”期间主持并参加国家重点科技攻关项目中的“种质资源配套技术措施”课题研究，完成了20万份种子入库任务，第一次实现了我国农作物种质资源的集中统一规范化管理。1995年筹备和主办了农作物种质资源研究与利用国际学术研讨会。发表学术论文16篇。

蒋德麒

1908～?

蒋德麒，男，1908 年 10 月出生于江苏省昆山县。学会第二届理事会学术顾问。1934 年毕业于金陵大学农学院农艺系，于 1937 年和 1947 年两度赴美国学习和考察，1938 年获明尼苏达大学农学硕士学位。

1934 年他大学毕业后曾任上海银行西安分行农业课主任兼陕西棉产改进所技士，在关中推广改良棉种和棉花产销合作工作，1936 年任全国稻麦改进所技士，在南京、开封、宿县等地推广改良小麦品种工作。1938 年他从美国回国后到中央农业实验所任职，负责战区安置难民工作。他先后调查了陕北、关中、川北荒地，还专程去陕、甘、宁边区延安考察荒地开垦，并参观了抗大、鲁艺学院等。1940 年他在陕西筹办改良作物品种繁殖场并兼任主任。1943 年他参加西北水土保持考察团，在陕、甘、青考察，1944 ～ 1945 年常驻天水，兼任农林部水土保持实验区技正，协助实验区进行试验研究。1947 年他第二次赴美，参加三峡建设工程设计，并到 FAO 参加《世界土壤保持》（中国水土保持部分）的编辑工作。此后，他到美国 30 多个州考察水土保持，并于 1949 年 2 月回国。

中华人民共和国成立后，蒋德麒任华北农业科学研究所农业技师兼土壤系主任，在南京进行水土保持耕作试验，并协助安徽、山东等省在大别山区和鲁中南山区筹建水土保持试点。1953 年他申请调到西安，任黄河水利委员会西北工程局农业技师，负责水土保持科研管理工作。1957年他被调到郑州黄河水利委员会水利科学研究所水土保持室任主任，从事黄河中游水土保持的试验工作。1957～1958年他参加中国科学院黄河中游水土保持委员会综合考察队进行考察。1963年他在参加全国农业科技会议期间，主持讨论编制了《全国农业科学技术发展规划》中的水土保持项目。1964年国务院水土保持委员会在西安设立了黄河中游水土保持委员会，他被调往该委员会科技处任农业技师，协助科管工作。1971～1990年他历任陕西省水土保持局工程师、总工程师、教授级高级工程师等，负责全局、全省水土保持的管理和指导工作。

代表性著作

1. 蒋德麒，朱显漠．水土保持．见：中国农业土壤论文集．上海：上海科学技术出版社，1962.
2. 蒋德麒，赵诚信，陈章霖．黄河中游小流域径流泥沙来源初步分析．地理学报，1966，32（1）：20-36.

李学垣

1932～

李学垣，男，1932 年 3 月生，河南息县人。学会第二届理事会副理事长，第六、七届理事会学术顾问。1949 ～ 1952 年在武汉大学农化系学习，1953 年于华中农学院毕业留校任教，1981 ～ 1983 在美国夏威夷大学进修两年，华中农业大学资源与环境学院土壤学教授，博士生导师。他曾任中国土壤学会理事、湖北省土壤肥料学会理事长，享受国务院政府特殊津贴。

主要从事土壤化学、土壤肥力方面的研究工作，主持国际合作、国家自然科学基金、高校博士点基金等多项科研课题。组织和参加中南地区土壤资源调查，为大型国营农场建设、流域规划、丹江口水利枢纽、南水北调工程等提供了大量科学数据。他在水稻土肥力、绿肥与秸秆还田、水旱轮作、土壤普查、营养诊断施肥、土壤磷素化学与磷矿粉有效利用方面取得多项成果，为土壤培肥和农业增产做出了重要贡献。他在可变电荷土壤的矿质胶体表面化学、铝的形态与毒害及酸化、1.4nm 过渡矿物的表面特性、层间物质组成与离子吸附固定和解吸释放、亚热带土壤的垂直带变化与水平地带性变化的区别等方面取得了国内领先的理论与应用成果。他已培养毕业硕士 20 余人，博士 15 人，指导在读博士生 4 人，硕士生 3 人。他独立或合作发表学术论文 150 余篇，学术著作 6 部，教材 3 部，译著 2 部，作为第 1、第 2 完成人获农业部科技进步奖二等奖两项、三等奖一项，获

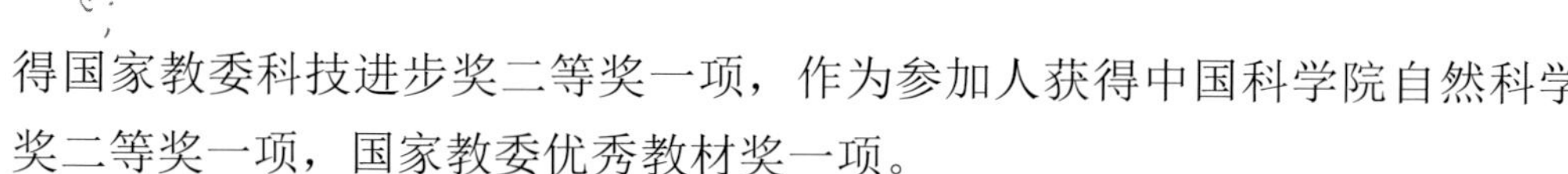

得国家教委科技进步奖二等奖一项，作为参加人获得中国科学院自然科学奖二等奖一项，国家教委优秀教材奖一项。

代表性著作

1. Li X Y，Xu F L，Liu F. Study on 14A Intergrade Mineral of Red Earth and Yellow Brown Earth in Hubei Province. Current Progress in Soil Research in People's Republic of China. Nanjing：Jiangsu Sci & Tech Publishing House，1986：675-686. 本文为 1986 年第 13 届国际土壤学会宣读论文 .
2. Li X Y. Charge Characteristics of a Typic Gibbsihumox and a Hydric Dystrandept. Proceedings of the International Symposium on Red Soils，1986：294-308. Science Press，Beijing China；Elsevier，Amsterdam.
3. Hu H Q，Li X Y，Liu J F，et al. The effect of direct application of phosphate rock on increasing crop yield and improving properties of red soil. Inter. Symposium on Integrated Exploitation and Sustainable Development in Red Soil Area Proceedings，1995：284-293.

王金平，男，1918 年 2 月生，吉林泰来人，大学学历。学会第二届理事会学术顾问。1948 ～ 1949 任嫩江省（今黑龙江省西部地区）农业厅技术员，1950 ～ 1955 年任克山农业试验站土肥股长，1956 ～ 1983 年任黑龙江省农业科学院土壤肥料研究所副所长、所长、研究员，是黑龙江省土壤肥料科技的奠基人和创始人之一。

1951 ～ 1957 年他主持调查了黑龙江省西部地区自然面貌、土壤肥力、黑土丘陵地区水土流失状况、盐碱土类型分布、性质及土壤改良培肥技术。1958 ～ 1959 年他参加黑龙江省第一次土壤普查工作，而在第二次土壤普查期间，他担任黑龙江省第二次土壤普查办公室副主任，顾问组组长。1960 年主持编写《黑龙江省土壤志》，参加农业部组织编写的《中国农业土壤志》中黑土部分，发表“黑龙江省苏打盐碱土类型、性质与分布”（土壤通讯，1977 年 5 期），“黑土垦后肥力的变化和研究途径”（土壤肥料，1978 年 2 期）等学术论文，为黑龙江省土壤调查、培肥改土、作物高产施肥技术提供了重要的科学依据。

许厥明

1918～2010

许厥明，男，1918 年 11 月生，安徽庐江人。学会第二届理事会学术顾问。农学学士，安徽省农业科学院土壤肥料研究所研究员，享受国务院政府特殊津贴。

在 20 世纪 50 年代初，他科学地总结了有机肥“十字积肥法”，并著文对“种、养、挖、换、铲、沤、堆、拾、捞、扫”每个字给予精辟的解释和说明。

他长期从事绿肥研究，在紫云英种植技术的研究与推广方面，在不同时代分别提出了紫云英种植技术的“三字经”，从 20 世纪 50 年代的“早、密、磷”，到 60 年代的“早、磷、水”，80 年代的“磷、钾、水”和 90 年代的“全元素平衡施肥技术”，使紫云英在安徽省的种植面积由新中国成立前的 100 万亩发展到鼎盛时期的 1600 万亩。他在安徽省最早提出以小肥换大肥、“以磷增氮”、“以钾促氮”和“全元素平衡施肥”的理论和技术。此外，还对苕子、苜蓿、“三水一萍”、柽麻等其他绿肥进行了研究，在主持柽麻枯萎病攻关项目时，曾开展柽麻新品种抗病选育工作。

他十分重视新技术和新方法的应用。20 世纪 80 年代他率领研究人员完成了“安徽省测土施肥、因需配肥的研究”。该项研究应用系统工程的理论和方法，采用电子计算机等先进设备，通过采样分析绘制出土壤养分分布图，结合调查作物的品种、面积和土壤肥力，针对预期产量计算出配肥方案，以指导农民合理施肥，保障作物增产。

他主持的国际合作项目“安徽省土壤营养诊断与全素平衡施肥技术研究”，运用土壤营养诊断技术，对安徽省主要土壤类型中的 12 种营养元素进行了同步诊断和系统评价。该项目 1993 年获安徽省科学技术进步奖一等奖。据不完全统计，1987 ～ 1996 年“钾肥和全素平衡施肥技术”在安徽省推广面积达 3000 万亩，创造了近 16 亿元的社会经济效益。1993 年主编的《钾与全素平衡施肥》论文集由中国科学技术出版社出版，1998 年安徽省政府授予他突出贡献金质奖章和省劳动模范。

2000 年提出的“紫云英综合开发利用与高效农业持续发展技术研究”建议，得到了安徽省相关部门大力支持，利用紫云英富硒生物学特性，开展了多种富硒产品的开发，获得安徽省的科技进步奖。

杨国荣

1922～1998

杨国荣，男，1922 年生，河北省滦南县人。学会第二届副理事长。1948 年毕业于北京大学农学院土壤系，同年在福建省地质土壤调查所任技佐。1950 年 4 月调东北农业科学研究所农化系从事土壤研究工作，任土壤室主任、土壤肥料研究所副所长等职，曾任吉林省土壤学会副理事长、吉林省土壤普查办公室副主任、技术指导顾问组副组长和《中国土壤》、《土壤肥料》、《吉林农业科学》等刊物编委。

1950 ～ 1952 年参加东北土壤调查团，进行了龙南八县、吉林西部、哲盟、三江平原荒地土壤调查，为农场开发建设提供了土壤资料和依据。1959 ～ 1962 年、1979 ～ 1988 年两次参加全国第一、第二次土壤普查工作。他从基层试点到全国汇总始终参加实地调查与技术指导，在《中国农业土壤志》与土壤图编制工作中做出了较大的贡献。他主持的“吉林省耕地土壤普查与鉴定”“吉林省盐碱土综合改良技术”，1978 年获吉林省科学大会奖。1956 ～ 1965 年他主持东北苏打盐渍土的改良利用研究工作，1984 ～ 1988 年在通榆新华乡主持开展了三治（沙、碱、涝）一用（泡沼利用）国土整治与科技攻关研究，取得较好效果。

代表性著作

1. 杨国荣，刘文通，温新. 东北松辽平原苏打盐碱土改良利用研究（第一报）——吉林省西部灌区盐碱土类型分布及其特性研究. 吉林农业科学，1964，（2）：1-8.
2. 杨国荣，陈开盛. 建设高产稳产农田是实现我省农业现代化的基础. 吉林农业科学，1979，（4）：10-16.
3. 杨国荣，刘成祥，姚铭，等. 试论吉林省土壤分类原则依据和分类系统. 吉林农业科学，1980，（2）：1-8.
4. 杨国荣，于天德，刘仲臣，等. 论吉林省中部地区土壤肥力现状与培肥途径. 吉林农业科学，1982，（1）：1-11.
5. 杨国荣，孟庆秋，王海岩. 松嫩平原苏打盐渍土数值分类的初步研究. 土壤学报，1986，（4）：291-298.

杨景尧

1923～2008

杨景尧，男，1923年7月出生于山东省掖县（今莱州市）。学会第一、二届副理事长。1950年2月毕业于北京农业大学农业化学系，分配到农业部土壤肥料处工作。1953年12月加入中国共产党。1955年8月赴苏联学习。1959年3月毕业于莫斯科季米里亚捷夫农学院研究生院微生物专业，获副博士学位，同年回国，先后在农业部农业局土壤肥料处、农业部土地利用局、土地管理局和农业部全国土肥总站工作，曾任副局长、总农艺师等职，并取得教授级高级农艺师职称，荣获国务院政府特殊津贴，1987年10月离休。

杨景尧在农业部从事土壤肥料业务行政管理和技术推广工作近40年，做了大量有益的工作，取得了显著成效。在土壤改良和水土保持方面，1980～1981年为争取世界银行低息贷款用于华北平原盐碱地改造，他和有关人员一直参加组织考察、论证、提供基础资料等工作，直到立项。1982年国务院成立水土保持协调小组，他一直是农业部的联络员，提出农业部门抓水土保持工作，要和抗旱保墒和旱作农业相结合，积极推广等高种植、带状种植等耕作措施，小流域治理要农林水统一规划等意见，均一一被采纳，反映在调查报告和文件汇编中。在肥料方面，他作为农业部的专家，经常参加化工等生产部门的咨询活动，对化肥生产发展规划和品种安排等提出建议和专题报告。他积极支持因“文化大革命”中断的全国化肥试验网，提出腐殖酸肥料生产、使用“三就地”的原则，积极推广微量元素肥料、绿肥和微生物肥料。

杨景尧 1960 年对推广使用氨水、碳铵等化肥进行调研和技术指导，并针对当时常用化肥的特性和使用中存在的问题，编写出版了《怎样使用化肥》一书。他 1964 年赴陕西，和当地科技人员一道对草木樨、毛叶苕子等绿肥的推广应用进行调查，撰写的专题报告在《中国农报》刊物发表。20 世纪 80 年代，他为部领导起草了一些土壤和水土保持的发言材料，大部分收集在有关的会议文件和资料汇编中。

刘更另

1929～2010

刘更另，男，1929年2月出生于河南省桃源县。学会第三、四届理事长，第五、六、七届名誉理事长。1952年毕业于武汉大学农业化学系。1959年在莫斯科季米里亚捷夫农学院研究生院获副博士学位。回国后在中国农业科学院和北京农业大学等单位工作，1983年晋升为研究员，曾任中国农业科学院土壤肥料研究所所长、中国农业科学院副院长，兼任中国科学院长沙农业现代化研究所副所长，1994年当选为中国工程院院士。

刘更另长期深入农业生产实际，根据当地突出问题进行试验研究，解决后立即就地推广，使之在农业增产中发挥作用。在20世纪60年代，他深入湖南省祁阳县的一个小村官山坪蹲点，当地是典型的南方红壤地带，土壤十分贫瘠，有一种“鸭屎泥”特别怕冬干，冬干后翌年插秧一直不转青、不发根、不分蘖，直到秋天才生长，产量很低，群众称这种现象为“坐秋”。他和同事经反复研究，得出施用磷肥和种好绿肥，不仅是改良“鸭屎泥”，也是改良当地“黄夹泥”、“白夹泥”等低产田的有效措施，在当地获得大面积推广。20世纪70年代，湖南衡阳地区推广双季稻绿肥的种植制度，提高了耕地复种指数，用地和养地相结合，深受农民欢迎，但也出现了晚稻产量低，养分供应不平衡等问题。刘更另经研究提出了晚稻超早稻的技术措施，补施钾肥搞好氮磷钾平衡，和使用锌肥解决水稻“僵苗”等3个问题，促进了双季稻的更好发展。

刘更另在湖南祁阳红壤改良实验站工作了近 30 年，前后布置了多个肥料和土壤肥力的长期试验，如水稻上施用硫酸铵、硫酸钾与施用氯化铵、氯化钾的对比试验，从 1975 年开始一直延续至今，为水稻上施用含硫化肥和含氯化肥提供了可靠的依据。

代表性著作

1. 刘更另 . 湖南祁阳几种农业土壤的培肥方法 . 中国农业科学，1964，（9）.
2. 刘更另，高素瑞 . 土壤中砷对植物生长的影响 . 中国农业科学，1985，（4）.
3. 刘更另 . 营养元素循环和农业的持续发展 . 土壤学报，1992，（8）.
4. 刘更另 . 中国有机肥料 . 北京：农业出版社，1993.
5. 刘更另，陈铭 . 湖南水田施含 Cl^- 与 SO_4^{2-} 肥料对水稻生长和养分吸收的效应 . 热带亚热带土壤科学，1993，（6）.

毛达如

1934～2016

毛达如，男，1934年生于江苏省常州市。学会的第二、三、四、五届副理事长，第六、七届理事会学术顾问。1956年本科毕业于北京农业大学土化系。1958年通过了研究生论文答辩后留校工作。从20世纪80年代后晋升为教授，先后任北京农业大学副校长兼研究生院院长，中央农业管理干部学院院长，农业部教育司司长，1995年任中国农业大学首任校长。他还是第九、十届全国人民代表大会代表、第九届全国人民代表大会常务委员会委员。

毛达如在科学研究方面，着重植物营养与施肥技术。根据肥料效应时空变化规律，他提出因土壤肥力施肥的理论：在肥料效应空间变异上，着眼于土壤肥力模型化和土壤肥力水平的模糊评判；在肥料效应的时间变异上，着眼于肥料后效的定量评估和气候类型变化的贝叶斯判别。他主持建立了包括多个系统的现代推荐施肥技术体系，在黄淮海平原为主的多个省份推广应用，证明是可行的。他主持建立了我国第一个析因设计的肥料长期定位试验，重点解决了我国北方潮土有机质变化的数量化研究和该土壤上磷肥叠加效应和最佳平衡施磷量问题。

毛达如在高等农业教育方面，对内部体制结构、专业设置、教材建设、教学方法和人才培养等方面进行了全面探索、研究和改革，取得了多项成果。

毛达如主编了国内第一本植物营养研究方法的教材。他还多年主持了中国北京农业大学与德国霍恩海姆大学执行的国家级农业科技合作项目。

代表性著作

1. 毛达如 . 近代施肥原理与技术 . 北京 : 科学出版社，1987.
2. 耿兴元，毛达如 . 推荐施肥中土壤肥力模糊评判方法（SFFE）系统的研究 . 中国农业科学，1994，27（5）: 51-62.
3. 毛达如 . 植物营养研究方法 . 北京 : 北京农业大学出版社，1994.
4. 毛达如 . 近代植物营养科学的方法论 . 植物营养与肥料学报，1994，（1）: 1-5.

黄鸿翔

1940～

黄鸿翔，男，1940 年 7 月生，江西省泰和县人。学会第三、四届理事会秘书长。1962 年于兰州大学自然地理专业毕业后，分配至中国农业科学院土壤肥料研究所工作。1992 年晋升研究员，1987 ～ 1991 年任土壤肥料研究所科研处处长，1991 ～ 2001 年任土壤肥料研究所副所长，1988 ～ 2012 年任《土壤肥料》（后更名为《中国土壤与肥料》）杂志主编。曾任北京土壤学会理事长、名誉理事长，中国土壤学会常务理事，中国农村专业技术协会专家委员会主任委员。

黄鸿翔长期从事土壤资源调查与利用方面的科学研究工作。1974 年开始主持全国性的科研协作组，并在 1978 ～ 1994 年的全国第二次土壤普查工作中，担任技术顾问及全国汇总编委会副主任兼编图组组长，参与起草并汇总定稿了全国第二次土壤普查技术规程、指导了基层土壤普查的野外调查与成果汇总、主持了全国土壤图件的编绘。在完善土壤调查技术、查清土壤资源、合理开发利用土壤资源方面付出了不懈努力。例如，研究制定了适应于我国特点与需要的土壤调查与农化调查相结合的土壤普查方法；研究拟订了航空相片与卫星影像应用于土壤普查的技术要点；改进了水稻土、潮土、褐土、黄褐土、风沙土、山地草甸土等众多土壤类型的分类体系；进行了高级分类单元与基层分类单元的全面链接，在我国首次完成了从土纲到土种包括五级分类单元的中国土壤分类系统的制定，并通过审定成为国家标准；主编了我国第一部 1 ∶ 100 万中国土壤图集、1 ∶ 400 万中国土壤系列图；在我国首次大面积研究土壤镁素的含量与肥效，促进了我国镁肥的推广使用；在有机肥应用现状调查的基础上，提出了我国发展有机肥的目标与可行途径。还曾撰写过多份国家重大科研项目的可行性论证报告，担任过滇池污染治理等多个重大科技项目的专家组成员。还通过政协提案等方式，多次提出有关农业可持续发展方面的政策与技术建议，使加强耕地质量建设等问题逐渐得到了党和政府的重视。共获得各级科技成果奖励 13 项，主笔或参与编写科技专著 20 部，发表科技论文 40 余篇。1993 年起享受国务院政府特殊津贴，1994 年被农业部授予农业部先进工作者。

代表性著作

1. 黄鸿翔，朱大权，蒋光润，等 . 低山丘陵区土壤航片判读研究 . 土壤学报，1986，23（3）.
2. 黄鸿翔 . 1 ∶ 100 万中华人民共和国土壤图集 . 西安：地图出版社，1995.
3. 黄鸿翔 . 我国土壤资源现状、问题及对策 . 土壤肥料，2005，（1）：3-6.
4. 黄鸿翔，李书田，李向林，等 . 我国有机肥的现状与发展前景分析 . 土壤肥料，2006，（1）：3-8.
5. 黄鸿翔 . 中国土壤分类与代码 . 北京：中国标准出版社，2009.

马毅杰

1936～

马毅杰，男，1936 年 10 月生于哈尔滨市呼兰区。学会第三、四届理事会副理事长。1958 年毕业于沈阳农学院（现沈阳农业大学）。先后在中国科学院土壤队及中国科学院南京土壤研究所工作。曾任中国科学院南京土壤研究所副所长、研究员、博士生导师，中国科学院三峡项目专家组副组长，享受国务院政府特殊津贴。

多年来主要从事土壤化学、土壤矿物及生态环境等方面的研究，近年来着重环境矿物材料在污染水体修复中的应用研究。曾主持国家自然科学基金、国务院三峡办、中国科学院重点及江苏省科技攻关等课题。获得中国科学院成果奖 4 项。1993 年和 2003 年分别获中国科学院优秀研究生导师、国务院三峡办长江三峡工程生态与环境监测系统先进个人奖。发表论文 50 余篇，作为主编之一的专著有《水稻土物质变化与生态环境》、《长江流域土壤与生态环境建设》、《三峡工程与沿江湿地及河口盐渍化土地》、《三峡库首地区土地资源潜力与生态环境建设》。

林　葆

林葆，男，1933 年 10 月出生于浙江省衢县。学会第三、四届常务副理事长，第五届理事长和第六、七、八届名誉理事长。1955 年毕业于南京农学院农学系。1960 年毕业于苏联莫斯科季米里亚捷夫农学院研究生院，获农业科学副博士学位。同年回国，分配在中国农业科学院土壤肥料研究所工作，1986 年任研究员，1987 年 7 月至 1994 年 2 月任所长，1990 年被遴选为博士生导师，培养硕士研究生 5 名，博士研究生 10 名，2004 年 7 月退休。

1966 年之前，从事种植制度的试验研究，对我国不同地区的种植制度进行调查，并在北京市和河北省新城县（高碑店）布置了定位试验，研究华北地区不同茬口对土壤肥力和后作的影响，着重豆科作物和绿肥在轮作中的安插。

1978 年之后，主持全国化肥试验网的试验研究。1981 ～ 1983 年在全国组织了不同地区、不同作物施用氮磷钾化肥的肥效、用量和配合比例的田间试验 5086 个，实验结果经整理并与 20 世纪 50 年代对比，分析了我国化肥肥效变化的原因和规律，提出了进一步提高化肥增产效益的途径，也为各地配方施肥和生产复（混）合肥提供了重要依据。到 1993 年，根据 63 个超过 10 年以上（含 10 年）的肥料长期定位试验结果，分析了我国耕地

在多熟制、高强度利用下的作物产量和土壤肥力变化状况，提出了实现高产和保持土壤肥力的有机、无机配合施肥技术体系。在上述工作的基础上，完成了《中国化肥区划》，为化肥生产规划和化肥合理分配提供了依据。

林葆及其领导的课题组根据我国化肥生产和施用的特点，开展了一些当时很有针对性的研究工作。例如，他与原北京农业工程大学合作，解决了碳酸氢铵用机械施肥容易堵塞和架空的问题，大幅度提高了碳酸氢铵的利用率和肥效。又如，针对我国发展联碱工业的副产品氯化铵作为氮肥的利用问题，研究提出了含氯化肥的安全、高效施用技术，为氯化铵打开了销路，提高了联碱工业的整体效益。再如，配合国产硝酸磷肥的生产，主持了北方 9 省区硝酸磷肥肥效和施用技术的研究，肯定了硝酸磷肥在北方是一种很有发展前景的肥料。并对硝态氮肥的一些错误认识进行了解释，使硝酸磷肥和其他含硝态氮肥在我国得以顺利发展。

考虑到中量营养元素将成为平衡施肥的新问题，他和研究生一道开展了作物硫、钙营养和有关肥料应用的研究，在蔬菜、果树上取得了明显的效果。

林葆还为我国化肥发展积极献计献策，他也是肥料研究国际合作的积极倡导者和参加者。

他和课题组同事的科研成果获省、部级奖 7 项，国家进步奖 4 项，国际奖 2 项。1986 年 12 月他被授予“国家级有突出贡献的中青年专家”称号，从 1991 年 7 月起享受国务院政府特殊津贴。林葆曾任农业部第五届（1992 ～ 1995）科学技术委员会委员。

代表性著作

1. 林葆，李家康 . 我国化肥的肥效及其提高的途径——我国化肥试验网的主要结果 . 土壤学报，1989，26（3）：273-279.
2. 林葆，李家康 . 五十年来中国化肥肥效的演变和平衡施肥 . 见：国际平衡施肥学术讨论会论文集 . 北京：农业出版社，1989：43-51.
3. 林葆 . 我国磷肥的需求现状及磷酸一铵磷酸二铵的农化性质 . 磷肥与复肥，1993，（3）：73-75.
4. 林葆，林继雄，李家康 . 长期施肥的作物产量和土壤肥力变化 . 北京：中国农业科技出版社，1996.

李西开

1915～1999

李西开，男，1915 年 11 月出生于江苏省宜兴县。学会第五届理事会学术顾问。1937 年毕业于浙江大学农化系。1938 ～ 1944 年任广西农事试验场技士。1944 年兼任广西大学农学院副教授。新中国成立后，他在北京农业大学历任副教授、教授。

李西开在广西工作的六七年间，虽然生活条件极其艰苦，但上下团结一致，因陋就简，创造条件，针对当地的木薯、甘蔗、油桐等特产作物，做了大量农业化学分析工作。例如，他同黄瑞纶合作，对木薯毒素进行了研究，搞清了食用木薯中毒的原因，提出了去除木薯中毒素的方法。他对甘蔗上、中、下三段含糖量和成熟期的研究，为确定甘蔗的最适宜收割期提出了依据。他在桐仁油含量和油质的研究中，为油桐育种、栽培，以及鉴别桐油掺假提供了有价值的资料。

他根据长期从事农业化学分析和科研工作的经验，认为农业化学分析学科的发展方向有三：一是方法的改进和创新，二是分析效率的提高，三是方法的标准化。他率领年轻教师和研究生在这 3 个方向上开展了大量科研工作。1983 年，他主编了《土壤农业化学常规分析方法》一书。

李西开长期执教于北京农业大学，编写了《无机及分析化学》、《定性分析》、《定量分析》等 10 余种教材，教授化学基础课，1961 年开设“土

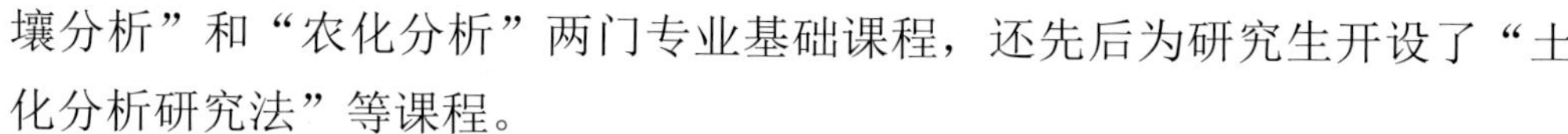

壤分析”和“农化分析”两门专业基础课程，还先后为研究生开设了“土化分析研究法”等课程。

1989 年他将多年积蓄捐献给家乡，建立“宜兴科技教育奖励基金”。

代表性著作

1. 李酉开，黄瑞纶 . 木薯毒素之研究 . 广西农业，1943，4（4）：216-235.
2. 李酉开 . 木薯毒素等研究续报 . 广西农业，1946，6（1-6）：1-11.
3. 李酉开 . 土壤农业化学常规分析方法 . 北京：科学出版社，1987.
4. 任桦，李酉开 . 超滤浸提土壤养分的研究Ⅲ . 连续流动分析测定土壤电超滤氮和磷 . 北京农业大学学报，1991，17（2）：75-86.

韩德乾

1939～

韩德乾，1939年12月生于湖北省黄陂县（今武汉市黄陂区）。学会第四届理事会学术顾问。中学毕业后不久，到武汉市人民委员会肥料管理处工作，主要做固氮菌肥料的试验。当时农民种双季稻缺乏肥料，用紫云英根瘤菌拌种，能促进紫云英绿肥丰产，解决双季稻肥料，还培肥了土壤。韩德乾和同事在湖北建立了第一个细菌肥料厂，并大面积推广应用根瘤菌肥，对双季稻发展起了一定作用，1959年被武汉市机关授予“红旗青年”称号。同年他被录取到华中农学院土壤农化系学习，在陈华癸院士和李学垣教授的精心指导下，写出了高质量的毕业论文——《绿肥压青后土壤还原性物质的动态变化》，并在《土壤学报》上发表，1963年毕业后留校任助教。1964年4月加入中国共产党。1970年后，他任华中农学院黄冈分院教改组组长、党的核心领导小组副组长。1974年后，任华中农学院党委常委、革命委员会副主任、副院长，1984年后，任华中农业大学党委书记、副教授兼农业管理干部学院华中分院院长、华中农业大学成人教育学院院长、中共华中农业大学党校校长、湖北省农业委员会副主任，1992年4月任农业部党组成员、机关党委书记，1998年3月至2004年4月任国家科技部副部长。他身为副部长，仍兼华中农业大学、河北农业大学教授，并与学校的教授一起共带博士研究生。他担任党政工作以来，先后在各种报纸和杂志上发表了100多篇文章，主编、编写了十多本书籍。他是全国农业审计学会名誉会长，中共第十四届中央纪委委员。

吴尔奇

1944～

吴尔奇，男，原籍辽宁省海城县，1944年1月出生于黑龙江省北安县。学会第五届副理事长。1968年毕业于东北农学院土壤农化专业，在基层工作十余年，1981年调入黑龙江省土肥管理站，历任副站长、站长，1992年晋升为高级农艺师，1998年经人事部、农业部批准为农业技术推广研究员，曾兼任黑龙江省土壤与肥料学会理事长等职，1993年获国务院政府特殊津贴。

吴尔奇多年来主持黑龙江全省土壤肥料工作，在耕地培肥、配方施肥、土壤改良、绿肥、微肥等技术和肥料管理方面取得了显著成绩。他主持制定了《黑龙江省耕地培肥规定》、"黑龙江省耕地培肥计划"的实施方案、实施细则、检查验收办法等，实施了农业部下达的"沃土计划"，历经8年有效地控制了黑龙江省的耕地土壤肥力下降趋势，并使部分地区地力有所回升；他参加主持《黑龙江省耕地保养条例》的制定，该条例成为全国第一个由省人大通过的地方性耕地保养法规；从1992年起，他主持实施由联合国计划开发署下达的"平衡施肥项目"（全国共有7个省参加），1998年通过了国家验收。在此期间，他曾赴加拿大、日本等国考察有关先进技术。这个项目的实施对该省土壤肥料化验室的建设，大批量样品的前处理和分析技术，利用微机指导配方施肥等方面起到了很大的推动作用。

他主持的国家、农业部和黑龙江省的丰收计划、农业科技进步奖项目，曾获部、省级奖4项，省农业进步奖5项。与何万云合作写的《简论我省施肥策略》、《松嫩平原水土资源综合开发利用与环境建设的建议》得到省领导的重视。

代表性著作

1. 吴尔奇 . 黑龙江省耕地土壤“瘦硬”现状及治理对策 . 黑龙江省自然科学技术论丛“松嫩平原开发篇”，1996.
2. 吴尔奇 . 种植豆科绿肥饲草是提高地力的一项有效措施 . 黑龙江省自然科学技术论丛“松嫩平原开发篇”，1996.
3. 吴尔奇 . 必须科学地培肥土地 . 黑龙江日报，1995-8-22.
4. 吴尔奇 . 科学施肥技术措施 . 黑龙江日报，1997-4-26.

邢文英

1952～

邢文英，女，1952 年 8 月出生，陕西省延川县人。学会第五届副理事长。1978 年毕业于华东理工大学无机化工系；1980 年 9 月至 1981 年 12 月在中国农业大学土化系进修。1991 年 4 ～ 10 月在加拿大萨斯卡通大学化验室管理进修；2001 年 10 月获得中国人民大学农业经济管理系在职研究生学历；2005 年 7 月获得中央党校世界经济系在职研究生学历，推广研究员。

1978 年 8 月之后，先后在农业部农业局、土地利用局、种植业管理局工作，曾任土壤肥料处副处长、农业生产资料处处长，主要从事土壤、肥料技术管理工作，如筹备组建国家化肥监督检验中心（北京）；组织制定了《农业部肥料登记管理办法》，建立了肥料使用登记制度。1995 年 6 月之后任全国农业技术推广中心副主任、总农艺师，从事农业技术推广工作，主持土壤改良、沃土工程项目、平衡施肥、新型肥料及长效化肥推广、旱作农业等土肥技术推广工作。2001 年 6 月之后，任农业部优质农产品开发服务中心副主任，从事农产品质量安全、无公害农产品示范基地、园艺作物标准园建设、无公害农产品认证、良好农业（GAP）认证、农产品质量追溯制度建立工作等。曾主持北京朝阳区东坝农业示范基地的规划、建设、施工、种植管理工作。

1997 年发表了《推广长效碳铵，提高化肥利用率》一文，1997 年发表了《北方冬小麦高产施肥建议》，1998 年组织编写了《中国青海钾肥在农业上的应用》一书（约 50 万字），1999 年组织编写了《平衡施肥在中国》论文集（约 110 万字），2007 年组织编写了《无公害蔬菜生产与认证》一书，2008 年组织制定了《良好农业规范茶叶标准》，2011 年在国际良好农业规范研讨会上发表了《农产品质量追溯制度与良好农业规范》，2013 年执笔、编写了《农产品质量追溯与服务模式研究》一书（约 16 万字）。

“长效碳铵研究与推广”曾获得国家科技进步二等奖、中国科学院特等奖；推广“平衡施肥技术”获得农业部丰收计划二等奖两项。

曾任全国肥料和土壤调理剂标准技术委员会委员、良好农业规范技术工作组委员、农业部无公害农产品认证评审委员、评审委员会副主任、中国土壤学会常务理事、中国水土保持学会常务理事、副秘书长；2005 ～ 2012 年担任中国优质农产品开发服务协会常务副会长、法人。

周健民，男，1956年7月生，江苏赣榆人。学会第五届副理事长。1982年南京大学化学系毕业，1989年1月至1995年5月在加拿大萨斯喀彻温大学土壤系进行博士研究生、博士后学习，1999年12月任中国科学院南京土壤研究所所长，2004年8月起任中国土壤学会理事长，2008年1月任农工党中央常委、江苏省委主委、江苏省政协副主席，中国科学院南京分院院长。他是第十届江苏省人大代表、人大常委会委员，第十届、十一届全国政协委员，第十一届全国政协常委，土壤与农业可持续发展国家重点实验室学术委员会主任，华中农业大学兼职教授、南京大学客座教授。

周健民长期从事土壤肥力和植物营养研究工作，在土壤质量演变规律与持续利用、土壤组分交互作用研究、平衡施肥理论与技术研究、设施农业相关技术和新型肥料研制方面均取得了显著进展和成果，为我国土壤资源高效和持续利用、农业技术的研究和推广，以及生态环境建设做出了积极贡献。在担任中国土壤学会理事长和中国科学院南京土壤研究所所长期间，分析研究了国际土壤科学的发展趋势，针对中国社会对土壤科学的需求和土壤资源特点，团结全国土壤学界，提出土壤科学的发展战略，并借助国家相关科技计划的实施，有力推动了中国土壤科学的发展。

周健民在国内外学术期刊上发表中英文论文130余篇，其中SCI论文30余篇，主编中英文专著和国际会议论文集6部，协助完成中英－英中土壤、植物营养和环境词汇1部，申报国家专利5项，其中发明专利4项。1996年获江苏省首届青年科学家提名奖，2004年获中共江苏省委、省政府“留学回国人员先进个人”称号，并获在宁部属科研院所“科技标兵”称号。获江苏省科技进步一等奖1项、二等奖2项，2005年获江苏省“有突出贡献中青年专家称号”。先后培养研究生17名，其中博士生12名。他是国家科技部973项目“土壤质量演变规律与持续利用”首席科学家，中国科学院创新方向性项目“新型肥料研制”首席科学家，1998年获国务院政府特殊津贴。

朱钟麟

1941～2014

朱钟麟，女，1941年10月生于四川成都。学会第四、五届副理事长。1963年毕业于四川农业大学土壤农化系。毕业后一直在四川省农业科学院从事土壤、肥料与环境方面的研究工作。1981年3～6月，赴菲律宾国际水稻研究所进修“土壤肥力及肥力评价”，1982年11月至1983年4月，赴意大利进修“化肥-固体肥、液肥和复合肥的生产与应用”。1990～2006年任四川省农业科学院院长、研究员，被评为享受国家级突出贡献的专家。先后担任农业部科技委常委，四川省首批学术技术带头人；兼任中国土壤学会副理事长，农业部长江上游土地资源利用与重点保护开放实验室主任。

朱钟麟一直围绕持续农业的土壤管理这一重大主题，积极开展土壤肥力、土壤侵蚀、土壤保护与利用方面的研究。先后主持欧盟“四川水土保持技术”项目（金额150万欧元）、国家“八五”、“九五”、“十五”区域农业攻关专题和国际合作植物篱项目等。主持的研究成果获省部科技奖励8项。主持的二滩水电站移民安置可行性研究和土地开垦、种植业、需水量等三个规划方案被国家重点建设工程采纳实施。在省级以上刊物发表学术论文40多篇，专著2部，其中学报级20余篇，国外刊物6篇，国际学术会大会报告8篇。参与研发基于WINDOWS界面的《节水农业效益评估体系 V1.0》软件系统，2006 年获国家版权局的计算机软件著作权登记证书。2001 年获国家科技部、农业部、水利部、林业部“全国农业先进工作者”表彰。

代表性著作

1. 朱钟麟，蹇守法．萍螟、萍灰螟发生规律的探讨——有效积湿常数的测定和应用．中国农业科学，1982，4：72-82.
2. 朱钟麟，米君富．黄壤性水稻土的磷素肥力特征及供磷能力的相关研究．土壤学报，1986，(4)：314-320.
3. 朱钟麟，卿明福，刘定辉，等．蓑草根系特征及蓑草经济植物篱的水土保持功能．土壤学报，2006，43（1）：164-167.
4. Zhu Z L，Chen Q. Agricultural Ecological System and Establishment in Sichuan Province. In International Symposium on Organic Matter Circulating Utilization. Organic Recycling Special Issue. ESCAP/FAO/UNIDO，1988.
5. Zhu Z L，Tan J C，Tu S H. Balanced Fertilization in Southern China：A Historical Review and Prospects. Balanced Fertilizer Situation Report Ⅱ，1996：75-83.

朱兆良

1932～

朱兆良，男，浙江奉化人，1932 年 8 月出生于山东青岛。学会第六、七届名誉理事长。1953 年毕业于山东大学化学系，此后一直工作于中国科学院南京土壤研究所，1986 年晋升为研究员，1993 年当选为中国科学院院士。他长期从事土壤－植物营养化学的研究，特别是土壤氮元素化学的研究，因为从 20 世纪 60 年代开始，他便与氮素结下了不解之缘。

朱兆良和他的科研团队从 20 世纪 70 年代起，对我国农田（主要是稻田）中氮肥损失的严重程度和农田土壤中氮肥的去向进行了系统研究，率先采用 ^{15}N 标记的田间微区试验技术，明确了我国稻田中铵态氮肥和尿素施用后的损失一般为30%～70%。他在国内最早采用微气象学质量平衡法，在田间原位观测了氮肥损失中氨挥发与硝化－反硝化的相对重要性。研究证明，稻田中施用的氮肥当季淋洗损失很低，氨挥发的相对重要性取决于土壤和灌溉水的 pH、田间水中氨和铵态氮的浓度、光照等因素，在南方单季稻区施用氮肥后氨挥发的重要性较低，硝化－反硝化是主要损失途径，而在水稻后的旱季施用氮肥后氨挥发是主要损失途径。在此基础上，他研究了减少氮肥损失的大粒氮肥深施、田面水分子表面成膜物质、硝化抑制剂、尿酶抑制剂等对策，提出了“无水层混施”的方法，收到了较好效果。

朱兆良研究了水稻吸氮量中自生固氮作用的贡献，认为以无氮区水稻的吸氮量作为土壤供氮量是偏高的。他对氮肥和水稻生长对土壤氮素矿化促进作用进行了评价，发现氮肥所增加的土壤矿化氮量（激发量），大多与施入氮肥在土壤中的残留量相近。据此，他提出氮肥的这种促进作用只是一种表观现象。因此，示踪法的氮肥利用率低估了施氮肥后作物氮素营养水平的提高程度，而应以差值法的氮肥利用率作为计算氮肥用量和评价氮肥效用的参数。

朱兆良经研究指出，用培养法对土壤供氮量的测定和以此为基础计算的氮肥推荐施用量只能达到半定量水平，他提出了以“平均适宜施氮量”为基础，在大面积上推荐氮肥用量的建议。

代表性著作

1. 朱兆良．土壤氮素有效性指标与土壤供氮量预测．土壤，1990，22（2）：177-180.
2. 朱兆良，文启孝．中国土壤氮素．南京：江苏科学技术出版社，1992.
3. 朱兆良，张绍林．潮土中氮肥的去向和经济施用．见：豫北平原旱涝盐碱综合治理．北京：科学出版社，1993：27-35.
4. 杨震，朱兆良，蔡贵信，等．表面成膜物质抑制水稻田中氨挥发的研究．土壤学报，1995，32（增刊 2）：160-166.

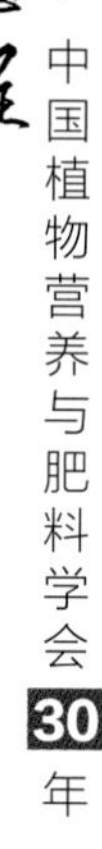

谢建昌，男，1929年11月出生于湖南省宁乡县。学会第六、七届学术顾问。1952年毕业于广西大学农学院农学系，同年分配到中国科学院南京土壤研究所工作，1986年任研究员，1983～1986年任该所副所长。1987～1995年兼任中国土壤学会秘书长。

谢建昌在20世纪50年代先后参加了江苏太湖地区低产白土、华中地区冷浸田和低产红壤性水稻土的调查研究工作，60年代初对南方土壤镁的含量、分布与镁肥肥效进行了研究，并对硫酸钾镁肥、钙镁磷肥中镁营养元素的作用进行了剖析，建议南方各种经济作物配施一定量的镁肥。

谢建昌的研究工作主要在中国土壤钾素和钾肥合理施用方面，他和课题组的科研人员从事钾的研究达30余年之久。首先，他对中国60种代表性土壤进行了生物耗竭试验，比较了不同土壤的供钾能力，并用化学的和物理化学的方法对土壤钾素的有效性进行了评估。他在1974年提出采用速效钾和缓效钾相结合来判断当季土壤的供钾能力，用缓效钾来反映土壤供钾潜力的观点，被广泛接受。他根据土壤缓效钾含量，同时参考钾肥试验结果及土壤黏土矿物类型，将中国土壤的供钾潜力从极低到极高分成7个等级，并据此绘制了全国土壤供钾潜力图。他领导的钾素课题组还研究了土壤水分、温度和铵态氮等因素对土壤钾素释放、固定的影响，并深入研究了影响钾肥肥效的各种因子，为钾肥的效果因各年度天气条件不同而异的原因做出了解释。

谢建昌是国内最早开展钾肥示范推广的科学家，在农业行政部门和各地农业科技部门的支持和共同努力下，使钾肥在我国作物增产和品质提高方面发挥了重要作用。

近年来谢建昌编撰了与土壤科学有关的工具书，如《土壤·植物营养·环境词汇》（汉英分类，英汉对照）、《土壤学大辞典》等。

谢建昌热心学会工作，积极倡导对国内外土壤肥料的学术交流，尤其是钾肥的合作研究方面。

代表性著作

1. 谢建昌，马茂桐，朱月珍，等．红壤区土壤中镁肥肥效的研究．土壤学报，1965，13（4）：377-386.
2. 谢建昌．红壤地区土壤钾素含量、状态和钾肥施用．见：中国土壤．北京：科学出版社，1983.
3. 谢建昌，罗家贤，马茂桐，等．我国主要土壤供钾潜力的初步研究．见：土壤养分、植物营养与合理施肥论文集．北京：农业出版社，1983.
4. 谢建昌．钾与中国农业．南京：河海大学出版社，2000.

金继运

1950～

金继运，1950 年 11 月 29 日出生于河南省范县。学会第六、七届理事会理事长。1977 年于吉林农业大学农学系本科毕业，1979 ～ 1982 年在中国农业科学院研究生院学习，在导师张乃凤先生指导下获作物营养与施肥专业硕士学位，1982 年 1 月至 1985 年 7 月在美国弗吉尼亚理工学院暨州立大学学习，获农学博士学位。自 1978 年 8 月始在中国农业科学院土壤肥料研究所工作，2003 年该所更名为农业资源与农业区划研究所，历任助理研究员、副研究员和研究员，2010 年退休。从 1990 年开始，任加拿大钾磷研究所北京办事处主任，该所 2007 年更名为国际植物营养研究所，金继运继续任该所中国项目部主任，2012 年退休。

参加工作以来，一直从事植物营养与肥料领域研究，曾任中国农业科学院植物营养与肥料优秀创新团队首席科学家，农业部作物营养与施肥重点实验室主任，国务院第四、五届学位委员会学科评议组成员，全国博士后管理委员会专家组专家，农业部第六、七届科学技术委员会委员。2004 ～ 2012 年，任《植物营养与肥料学报》主编。

先后主持国家自然科学基金、科技攻关、973 和 863 课题、国际合作等项目共 20 余项。获国家科技进步二等奖 1 项，三等奖 2 项，均为第一完成人；获省部级科技进步奖 5 项；1992 年获国务院政府特殊津贴；1995

年被评为农业部中青年有突出贡献专家；2001 年被中国农学会评为全国优秀农业科技工作者；2004 年获首届中国土壤学会奖；2004 年被中国科协评为全国优秀科技工作者；2007 年评为全国农业科技推广标兵；2010 年获得国际肥料工业协会（IFA）诺曼 · 布劳格（Norman Borlaug）奖。出版学术著作 10 册，发表论文 129 篇，其中 SCI 论文 18 篇。培养硕士 9 名，博士 12 名。

主要研究领域包括土壤钾素与钾肥施用、土壤养分状况评价、土壤测试与施肥推荐、平衡施肥、土壤养分精准管理等。系统研究了我国土壤钾素状况和供钾能力，形成钾肥高效施用和平衡施肥技术体系；研究建立高效土壤测试与推荐施肥咨询服务系统，为国家测土配方施肥行动提供技术支撑；开展土壤养分精准管理研究，形成适合分散和规模经营的养分精准管理理论和施肥技术体系；参与“国家中长期科学和技术发展规划战略研究”，提出建立经济、环境和社会效益统一的施肥技术体系战略研究重点；推动广泛的国际合作，组织形成了全国性土壤肥料协作研究网络。

代表性著作

1. Jin J Y，Martens D C，Zelazny L W. Distribution and plant availability of soil boron fractions. Soil Sci. Soc. Am. J.，1987，51（5）：1228-1231.
2. 金继运 . 土壤养分状况系统评价法及其应用初报 . 土壤学报，1995，32（1）：84-90.
3. 金继运，白由路 . 精准农业与土壤养分管理 . 北京：中国大地出版社，2001.
4. 金继运，李家康，李书田 . 化肥与粮食安全 . 植物营养与肥料学报，2006，12（5）：601-609.
5. 朱兆良，金继运 . 保障我国粮食安全的肥料问题 . 植物营养与肥料学报，2013，19（2）：259-273.

李家康

1937～

李家康，男，1937 年 7 月出生，浙江奉化人。学会第四、五届副理事长，第五、六届秘书长，第七届顾问。1963 年毕业于浙江农业大学农学系，同年分配到中国农业科学院作物育种栽培研究所，1971 年初调入土壤肥料研究所。曾任中国农业科学院土壤肥料研究所所长，兼任农业部植物营养学重点开放实验室主任、国家化肥监督检验中心（北京）主任、农业部微生物肥料质量监督检验中心主任，中国土壤学会第八、九届副理事长，第十届顾问等职。2001 年 6 月退休。

他长期从事化学肥料应用研究，自 1980 年开始参与主持全国化肥试验网和国家“攻关”课题。“六五”期间，与林葆共同主持完成的“我国氮磷钾化肥的肥效演变和提高经济效益主要途径”和“中国化肥区划”分别获国家科技进步二等奖和农业部科技进步二等奖。在“六五”和“七五”期间先后主持完成了“我国复混肥料品种、肥效机理和施用技术”和“掺合肥料（BB）施肥技术”两项国家攻关课题，对尿素普钙系、尿素磷铵系、氯磷铵系、硝酸磷肥系等多种复混肥品种进行了农艺性状评价，找出了各个品种的有效施用条件，同时，针对我国化肥工业的基础和化肥资源的特点，因地制宜地提出了复混肥的生产工艺和原料路线，为我国发展复混肥料提供了理论依据、技术路线和应用技术。该两项研究成果分别获农业部和化工部科技进步二等奖。

20 世纪 80 年代后期，国内氯化铵大量滞销积压，影响到联碱工业的生存，受科技部和化工部委托，主持开展了“含氯化肥科学施肥和机理的研究”，联合国内 15 家科研院校和若干个大型纯碱企业，确定以氯化铵和以氯化铵、氯化钾为原料的含氯复合肥（简称双氯化肥）的科学施用为主攻目标，从氯根入手开展有关研究工作。着重探讨了我国土壤含氯状况和地域分布特点，连续使用含氯化肥土壤氯的积累和酸化，作物耐氯能力的测定与分级，以及安全施用技术等。历时 8 年，研究提出了我国适宜施用氯化铵和双氨化肥的地区、土壤和作物，以及科学的使用方法和途径，并通过大面积的示范，氯化铵由滞销成为畅销的氮肥品种。该项研究成果于 1997 年获化工部科技进步一等奖，1998 年获国家科技进步二等奖。

1992 年晋升为研究员，同年被农业部授予“中青年有突出贡献专家”称号和享受国务院政府特殊津贴。1997 年获中华农业基金农业科研贡献奖。

代表性著作

1. 中国农业科学院土壤肥料研究所（李家康等）. 中国化肥区划 . 北京：中国农业科技出版社，1986.
2. 李家康 . 我国肥料资源及肥料施用研究的进展 . 见：侯光炯 . 中国农业文库 . 成都：四川科学技术出版社，1997.
3. 李家康，林葆 . 化肥在中国大陆持续农业中的地位与作用 . 土壤与环境［中华土壤肥料学会刊行（台湾）]，1998，（1）.
4. 李家康，林葆，梁国庆，等 . 对我国化肥使用前景的剖析 . 植物营养与肥料学报，2001，16（2）：1-5.
5. 李家康 . 含氯化肥科学施用和机理研究的回顾与展望 . 中国农业科学，庆祝中国农业科学院五十周年专刊，2007，40（增刊 1）：233-235.

毛炳衡

1929～

毛炳衡，笔名毛知耘，男，1929 年 5 月出生于四川省资阳县。学会第六、七届理事会学术顾问。1952 年毕业于四川大学农学院农业化学系，获学士学位，分配到华南垦殖局技术处工作，翌年调到广州华南热带作物研究所从事雷州半岛、海南岛橡胶宜林土壤调查、土壤分析和试验研究。1956 年他考入西南农学院土壤农化系攻读副博士研究生。1960 年研究生毕业后留校工作，1986 年晋升为教授。他参编《农业化学（总论）》，主编高等农业院校农学类各专业使用的《肥料学》，主译《植物的无机营养》等书籍。

在总结国内外经验和理论的基础上，他提出了气候－植物－土壤－肥料相互作用的“立体三角形”的农业化学观点，明确提出气候是条件，植物是中心，土壤是基础，施肥是手段，合理利用施肥手段，协调植物、土壤、气候之间的关系，以满足植物营养的需要，发挥最大生产潜力。他遵循这一农业化学观点，开展紫色土稻麦配方施肥模式的研究，采用多年、多点、多因素、多水平的多元回归设计，进行田间试验，建立了不同紫色土肥水平的稻麦施肥模式，并广泛用于生产。

20 世纪 70 年代中后期，我国联碱厂副产的氯化铵大量滞销、积压，氯化铵能否在农业上广泛作为肥料，成为当时联碱工业能否在我国发展的关键。毛炳衡和国内有关单位协作，开展含氯化肥的试验研究，测定了我国不同地区土壤氯的含量，对国内普遍种植的作物耐氯能力进行了分析，提出了不同土壤和不同作物上施用含氯化肥的相应技术。他于 1982 年开始在 3 种不同性质紫色土上开展的含氯复混肥长期定位试验，一直延续至今，证实了在南方降水量高（>1000mm/ 年）的稻麦轮作制下，氯在土壤中无明显积累，钙质和中性紫色土理化性质和土壤 pH 无明显变化，此项研究成果获国家科技进步二等奖，并由他主编成《中国含氯化肥》一书出版。

代表性著作

1. 毛知耘，李家康，何光安，等 . 中国含氯化肥 . 北京：中国农业出版社，2001.
2. 毛知耘，周则芳 . 长期施用含氯化肥对钙质紫色土性质和稻麦产值的影响 . 见：中国植物营养与肥料学会，现代农业中的植物营养与施肥 -94 年全国植物营养与肥料学术年会论文选集 . 北京：中国农业科技出版社，1995.
3. 毛知耘 . 肥料学 . 北京：中国农业出版社，1997.

曹一平

1938～

曹一平，女，1938年出生于安徽泾县。学会第七届理事会学术顾问。1961年毕业于北京农业大学土壤农业化学专业后留校任教。历任土壤农化系副主任、土化系党总支书记、植物营养系主任、资源与环境学院副院长、中国农业大学施肥咨询与新型肥料研制中心主任等职。为中国农业大学植物营养与肥料学教授、博士生导师。1992年开始享受国务院政府特殊津贴。

在校主讲《应用肥料学》、《高级植物营养学》、《近代作物营养与施肥科学进展》、《氮素农业化学》等课程。参与编写全国本科统编教材《植物营养学》上册，自编《肥料学》教材，组织出版了《土壤养分生物有效性》讲义，合作翻译了《高等植物的矿质营养》一书。指导培养植物营养与肥料专业博士、硕士研究生46名。

从20世纪80年代初开始参加碳酸氢铵的农化性状与有效施用技术研究、复（混）合肥料、掺混肥料、微量元素肥料的农化性状与有效施用技术等攻关研究、区域性施肥技术体系的研究，主持《可持续的作物多级综合优化施肥技术体系》、《大面积经济施肥和土壤培肥技术》等项目的研究。先后获化工部科技成果二、三等奖各1项，农业部科技进步二等奖2项、三等奖1项，国家科技进步三等奖1项，教育部科技进步一等奖1项，北京市科技进步二等奖1项，新疆维吾尔自治区科技成果三等奖1项。此外，

“包膜控释肥料的研制与评价”获得成果鉴定。

在环保型、技术附加型肥料产品的研发方面，共获得4项发明专利。还参与了我国“缓释肥料”等4项新型肥料行业标准或国家标准的制定。

退休后仍全身心倾注于肥料与施肥咨询服务，受聘于中化化肥有限公司，承担农化服务专家，接听农民免费热线咨询电话，到基层给农民、农技员和肥料经销商讲课，包括接听农民免费热线咨询电话，在中央广播电台“中国之声”做农村广播，定期为《农民日报》、《中国农资》、《人民日报》（农村版）撰写科普文章，受到业内广泛赞誉。

代表性著作

1. 曹一平．不同氮肥施在石灰性土壤上氨挥发的研究．北京农业大学学报，1983，12（2）：61-68.
2. 李健梅，曹一平．磷胁迫条件下油菜、肥田萝卜对土壤难溶性磷的活化与利用．植物营养与肥料学报，1995，1（3，4）：36-41.
3. 张福锁，曹一平．根际动态过程与植物营养．土壤学报，1992，29（3）：239-250.
4. 曹一平，林翠兰，王兴仁．两种基因型玉米磷效率的差异．北京农业大学学报，1995，21（S2）：111-116.
5. 曹一平．黄淮海作物营养与优化施肥技术．北京农业大学学报，1995，21.

陈明昌

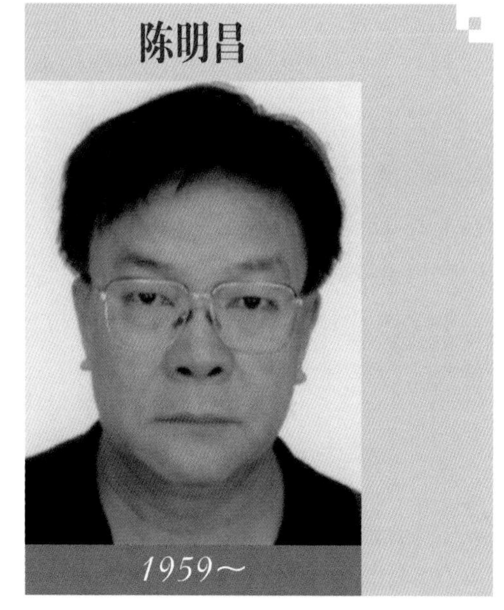

1959～

陈明昌，男，汉族，1959年11月生，山西万荣县人。学会第六、七届副理事长。1982年于山西农业大学土壤和农业化学专业毕业，同年到山西省农业科学院土壤肥料研究所工作，为研究员，博士生导师，所长。曾任山西省土壤肥料学会第一届理事长，山西省土壤环境和养分资源重点实验室主任。1989年澳大利亚CSIRO访问学者，1998年加拿大曼尼托巴大学访问学者。2000年任山西省农业科学院院党委委员、副院长。2013年任山西省委农村工作领导小组办公室副主任、山西农业厅副厅长、党组成员。

参加工作以来，主要从事农业生态建设、植物营养学、施肥技术和农业化学产品研究和开发。主持和完成了国家科技部中日国际合作（JICA）项目、农业部高新技术基地建设项目、中澳国际合作项目、农业部948项目和山西省各类科技项目15项。主持完成的中日国际合作（JICA）项目，在日本盐碱地改良剂的基础上研制出价格低、效果好的国产1号、2号和3号等盐碱地改良材料，具有降低土壤pH、改良土壤和促进作物生长的作用，加快了山西省中低产田的改造。主持完成的国家科技部中澳国际合作项目“山西省农业主产区水肥优化管理技术体系的建立与应用推广”项目，在引进WNMM模型基础上，经消化吸收再创新，研发出了基于GIS

的养分管理决策支持系统，建立了小麦－玉米轮作养分优化管理技术体系，实现了区域养分管理技术的突破，解决了农田氮素损失途径难以定量化的技术瓶颈。获奖主要科研成果有：多功能新型肥料营养机理和工业化生产技术的研究，获山西省科技进步一等奖；“喷就发”高效活性营养液肥研制与开发，获山西省科技进步二等奖；高产两熟麦秋轮作定量化栽培模拟系统的研究，获山西省科技进步三等奖。多年来在《土壤学报》、《水土保持学报》、《应用生态学报》、《植物营养与肥料学报》、*Journal of Arid Environments*、*International Journal of Geographical Information Science* 等国际、国内学术刊物上发表论文 30 多篇。

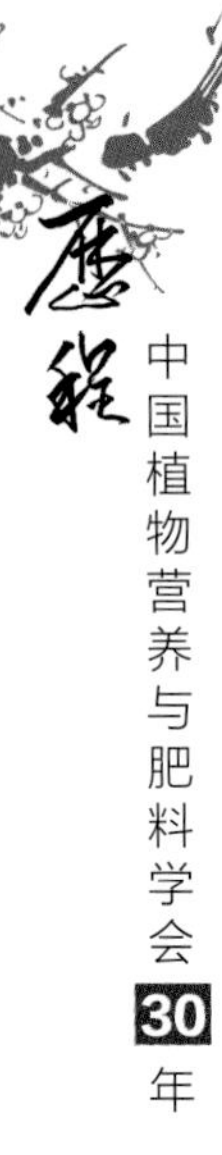

甘晓松

1931～

甘晓松，女，生于1931年12月，吉林省东丰县人。学会第三届副理事长。1954年毕业于东北农学院农学系（俄文班）。1954～1957年任东北农学院俄文教研室代理主任。1957～1961年在苏联莫斯科季米里亚捷夫农学院农学系学习（研究生），获苏联农学副博士学位。回国后，1962～1970年在中国农业科学院土壤肥料研究所工作，曾任科研管理处处长，土壤研究室副主任等职。1990年任中国农业科学院副院长，曾兼任中国农业科学院学术委员会常委、秘书长，农业科技管理研究会副会长，《农业科技管理》杂志编译委员会主任，中国农业科技国际交流协会副会长、秘书长及由中国科协主办的《中国农村科技》编委会副主任等职。曾赴菲律宾国际水稻研究所、民主德国、苏联、朝鲜民主主义人民共和国、英国、美国、印度等地访问、考察及签订双边农业科技合作协议。曾在国际水稻所举办的“亚太地区水稻致富研讨会”上作了“中国的雨养农业”的发言。

在中国农业科学院土壤肥料研究所工作期间，主要从事黑黄土肥力演变的定位研究，不同轮作、耕作、施肥等措施的效果及其对土壤肥力特性的研究。1971年后从事科研管理工作，在科研管理部的机构队伍业务建设方面，以及如何更好地发挥该部门对全院的科研计划、成果管理、科研开发、外事和国际交流等职能作用方面，做了许多工作。“六五”期间，曾具体负责由中国农业科学院16个直属研究所130余名科技人员参加的“黄淮海平原中低产地区综合治理开发”项目的组织协调和管理工作，在科技人员开展科学实验取得重要科技成果的基础上，负责组织并参加主编了83万字的《黄淮海平原治理与农业开发》专著。

参加主编《农业基础发展战略》及《农业科研管理》两本专著，并撰写部分章节，在有关报刊、杂志、学术讨论会、论文选编上发表科研和农业管理方面的论文、文章30余篇。论文“关于科研分类和分类管理问题探讨”被《农业科技管理》杂志评为二等奖,“加强软科学在农业上的应用”并被评为优秀论文奖一等奖。1989年被农牧渔业科技管理研究会评为“优秀科技管理专家”，并受到表彰。

高祥照

1963～

高祥照，男，汉族，江苏兴化人，1963 年 12 月生。学会第六、七届副理事长。1988 年毕业于北京农业大学资源环境学院，博士研究生学历，研究员。现任全国农业技术推广服务中心节水农业技术处处长，兼任华中农业大学博士研究生导师、华南农业大学教授，国务院政府特殊津贴专家，全国农业先进工作者。

先后主持和参加了沃土工程、测土配方施肥、土壤有机质提升、平衡施肥、节水节肥节药等全国性重大项目，参加农业综合开发、土壤改良、土壤肥力评价与管理、土壤肥料测试化验、质量监督体系建设、科学施肥、专用肥和新型肥料的开发、生产与加工、肥料区划与信息管理、肥料经济运筹、土壤肥料与农产品品质、生态环境、信息技术在土壤肥料中的应用等一系列重大技术的推广和项目管理工作。作为总体技术和工作方案设计者，推动“沃土工程”、“耕地质量调查”、“节水、节肥、节药”、“测土配方施肥”、“土壤有机质提升”、“水肥一体化”、“土壤墒情监测”等全国性重大项目的立项和实施。创立国家“肥料配方师”职业资格，制定标准，编写教材，组织培训鉴定。在全国推广应用腐熟剂、掺混、缓释、控释、长效、水溶及硫、锌、钾等肥料，为旱作农业、节水农业、水肥一体化及全国土肥推广体系的发展做出较大贡献。此外，还主持 IZA 锌肥示范推广、

TSI 硫肥示范推广、UNDP 平衡施肥、TC 保水剂、可控释放肥料等技术引进、研制等国际项目。任世界银行、联合国粮食及农业组织、亚太肥料协作网等国际组织专家。

获农业部先进个人 2 项，国际奖 2 项，国内学术论文奖 3 项，国家科技进步二等奖 2 项，省部级奖 6 项，专利 5 项。培养博士 2 名，硕士 5 名，“西部之光”访问学者 1 名。发表《节水农业与科学施肥》，《我国农业发展与化肥施用趋势分析》，《我国施肥中存在问题的分析》，《信息技术在农田施肥管理中的应用》，《土壤养分与作物产量的空间变异特征与精准施肥》，《中国作物秸秆资源利用现状分析》，*Development and Demonstration of Organic Manure and Coated fertilizer* 等论文 50 多篇；编著出版了《中国农业用水报告》、《中国肥料指南》、《测土配方施肥技术》、《肥料实用手册》、《化肥手册》、《中国平衡施肥》、《中国有机肥料养分志》、《中国青海钾肥在农业上的应用》、《平衡施肥配套技术》、《中国化肥 100 年回眸》等 20 多本书籍，共计 400 余万字。

李生秀，男，汉族，教授、博士生导师。1936年1月生。陕西省永寿县人。学会第六、七届学术顾问。1960年毕业于西北农学院（现名西北农林科技大学）土壤农化系本科，毕业后留校任教。1980年后在英国进修、合作编书近三年，在西德合作研究半年，在法、荷、美、印、秘鲁、埃及、叙利亚等国和我国台湾进行考察或参加会议。曾任资环系主任、校学术委员会副主任、校务、学位评定委员会委员，《西北农业大学学报》主编，中国土壤学会土壤－植物营养与施肥专业委员会主任，陕西省农业发展办公室顾问，杨凌示范区国际旱地农业培训班专家委员会委员，国家自然科学基金委评审专家。培养博士、硕士67名。

他主要从事植物营养与科学施肥的理论和技术研究，主要成就是：构建了我国西北旱地以水肥管理为核心的理论框架及实践体系；确定了豆科与非豆科、有分蘖、分枝与无分蘖、分枝作物对磷肥反应差别的机理，提出了优先施磷的作物选择；提出了有机肥和氮肥配合施，和磷、钾肥分开施的原则；创建了评价土壤可矿化氮生物有效性的方法，证明硝态氮在土壤中的累积是旱地氮肥施入后的重要归宿，证明植物地上部挥发的主要氮素形态是氨态氮，挥发主要在生育后期茎叶衰老之时；发现硝态氮在营养器官中的累积是所有作物共性；揭示了不同作物对铵、硝态氮反应的生育阶段性；提出在田间条件下直接测定作物群体蒸腾和土壤蒸发的覆膜－建模方法和水肥优化配合的理论与技术；建立了旱地施氮、施磷的土壤养分指标和高效施肥的体系；创建了 3 种保肥增效的复混肥生产技术，分别被几家公司应用，实现了产业化。

他先后主持国际合作项目 2 项，国家自然科学基金 9 项，省、部、厅项目 7 项；国家科技攻关计划、863 项目及中华农业出版基金各 1 项，出版教材、文集、专著 11 部，参译和校审专著 4 本。他自撰和合作发表中英文论文 482 篇，还撰写了大量科普文章和图书。例如，《肥料知识》，《庄稼的粮食》，《肥料农谚趣谈》三本著作以通俗易懂受到好评，《氮素损失和长效氮肥》一文于 1997 年被评为陕西省优秀科普作品一等奖。他获国家四部委"国外智力引进先进个人"、"省劳动模范"、"何梁何利科学技术进步奖"、"全国优秀农业科技工作者"称号；以主持人获省科学技术进步二等奖 3 项、一等奖 1 项，国家科技进步二等奖 1 项；以第二完成人获省科学技术进步二等奖 2 项。

代表性著作

1. Li S X. Dryland Agriculture in China（英文专著）. 北京：科学出版社，2007（自撰 150 万字）.
2. 李生秀 . 中国旱地土壤植物氮素 . 北京：科学出版社，2008（140 万字，自撰 90 万字）.
3. Li S X，Wang Z H，Stewart B A. Responses of crop plants to ammonium and nitrate N. Advances in Agronomy，2013，118：205-398.
4. Li S X，Wang Z H，Stewart B A. Differences of some leguminous and non-leguminous crops in utilization of soil phosphorus and responses to phosphate fertilizers. Advances in Agronomy，2011，110：125-249.
5. Li S X，Wang Z H，Hu T T，et al. Nitrogen in dryland soils of China and its management. Advances in Agronomy，2009，101：123-181.

罗奇祥

1947～

罗奇祥，男，1947年8月出生于福建省宁化县。学会第六、七届副理事长。1970年毕业于中国科技大学物理系生物物理专业，在江西泰和军垦农场锻炼一年后，1971年分配至江西省农业科学院工作，1983年任耕作栽培研究所副所长。1990年任所长、院党委委员，1995年任江西省农业科学院副院长，1998年任院长，2008年卸任院长后任省政协常委、人口环境资源委员会副主任，2011年退休。1998年起连任三届中国土壤学会常务理事和中国农学会理事。1998年聘为研究员。1993年起享受国务院政府特殊津贴。1993年被人事部和国家教委联合授予“有突出贡献的留学回国人员”称号，1997年被评为“江西省首批跨世纪重点学科带头人”，2003年被评为江西省首届“井冈之子”。

1987年经农业部选送，赴美国加利福尼亚大学Davis分校做访问学者，师从Dr. Cassman，重点研究土壤中非代换性钾的释放，为期一年半。回国后于1991年又被当时的国家教委选送赴澳大利亚CSIRO做访问学者，师从Dr. Jonfreneey，重点研究尿酶抑制剂在土壤中的抑制效果及土壤反硝化速率的测定，为期一年。

参加工作以来一直从事植物营养与肥料学科领域的科研工作。主持承担的省部级以上重点课题近20项，主要涉及腐殖酸肥、钾肥、硫肥、红壤改良与利用、区域农业开发与治理、节水农业、循环农业等领域，自1984年起主持承担国际合作的钾肥项目和硫肥项目（加拿大钾肥研究所和美国硫肥研究所），获得农业部科技进步二等奖1项（南方旱作土壤供钾特性及作物高效施肥技术体系研究，1998年）；江西省科技进步二等奖3项（江西省三高农业钾肥高效施用综合配套技术研究，1996年；东南丘陵优质高效种植业结构模式与技术研究，2007年；低丘红壤区节水农业综合技术体系集成与示范，2009年），与中国农业科学院土壤肥料研究所合作的硫肥项目获得国家科技进步二等奖1项，此外还获得农业部及省科技进步三等奖、神农科技三等奖等共5项。在省级以上学术期刊发表论文近70篇，译文15篇，主持汇编了钾肥及硫肥论文集2本，主持和参与编写了《肥料施用手册》和《南方双季稻区稻田高效种植模式》两本书，牵头组织在南昌召开两次国际学术研讨会（国际红壤生态学术讨论会，南昌，1995年；国际农业可持续发展学术研讨会，南昌，2008年），在六次国际学术研讨会上作了学术报告；在江西省农田土壤肥力研究与评价、肥料高效与平衡施用、红壤改良与开发利用等领域做出了积极的贡献，促进了区域农业的发展。

施卫明

1963～

施卫明，男，1963 年出生于浙江舟山市。学会第六、七届副理事长。1989 年获得中国科学院南京土壤研究所理学博士学位，现任中国科学院南京土壤研究所创新岗位二级研究员，博士生导师，面源污染治理技术研发中心主任。曾在日本东京大学、名古屋大学和美国 Arizona 大学等学习和工作 6 年多。

长期从事土壤－植物系统氮磷循环与高效吸收利用机制、农田氮磷排放与污染治理方面的研究，研究成果系统阐明了根系的伸长、侧根发育和向性等响应高铵供应的分子生理学机制及调控途径，成果发表在 *Plant Physiology*，*New Phytologist*，*Plant Cell and Environment* 等国际主流杂志上，应邀在植物学杂志 *Trends in Plant Science* 发表了专题综述；围绕太湖地区农田氮肥合理施用和科学管理，明确了设施菜地氮素去向、环境效应、适宜施氮量及氮排放控制技术，成果发表在 *Field Crop Research*，*Plant and Soil*，*Agriculture Ecosystem and Environment* 等杂志，基于研究成果提交的政策建议得到国家领导人的批示和列入省政协提案。主持完成了国家自然科学基金重大项目课题、国家自然科学基金重大国际合作项目、国家自然科学基金面上项目、国家 863 重大专项子课题、“十一五”和“十二五”国家科技支撑项目课题、“十一五”和“十二五”重大科技专项水专项课题、环保部行业项目，以及中国科学院知识创新工程重要方向项目等国家和省部级项目。现在主持国家自然科学基金重点项目和面上项目各一项、“十三五”国家重点研发计划项目一项。是中国科学院青年科学家奖 (1993 年) 和江苏省青年科技标兵获得者 (1996 年)，1992 年起享受国务院政府特殊津贴。入选江苏省第一批和第二批“333”人才工程。2007 年入选人社部“新世纪百千万人才工程”国家级人选。2008 年获中国科学院“朱李月华”优秀教师奖。发表学术论文近百篇，其中 SCI 论文 80 多篇，最高影响因子论文 12.929，一作和通讯作者单篇最高他引 100 多次。获中国土壤学会科技成果奖 1 项和省部级奖 3 项。合作主编出版了学术专著《根际研究法》一部。

代表性著作

1. Sun L，Lu Y F，Yu F W，Kronzucker H J，Shi* W M. Biological nitrification inhibition by rice root exudates and its relationship with nitrogen use efficiency. New Phytologist，DOI：2016，10.1111/nph.14057.
2. Chen G，Chen Y，Zhao G H，Cheng W D，Guo S W，Zhang H L，Shi* W M. Do high nitrogen use efficiency rice cultivars reduce nitrogen losses from paddy fields?Agriculture，Ecosystems and Environment，2015，209：26-33.
3. Li B H，Li G J，Kronzucker H J，Baluska F，Shi* W M. Ammonium stress in *Arabidopsis*：signaling，genetic loci，and physiological targets. Trends in Plant Science，2014，19：107-114.
4. Zou N，Li B H，Kronzucker H J，Su Y H，Chen H，Xiong L M，Li S M，Shi* W M. Protects root gravitropism in *Arabidopsis* under ammonium stress. New Phytologist，2013，200(1)：97-111.
5. Min J，Zhang H L，Shi* W M. Optimizing nitrogen input to reduce nitrate leaching loss in greenhouse vegetable production. Agricultural Water Management，2012，111：53-59.

唐近春

1935～

唐近春，男，1935 年 2 月出生，湖南宁乡人。学会第七届学术顾问。1957 年毕业于北安农学院土壤农化专业，分配到农业部，先后在土地勘测设计所、土地利用局、土壤肥料局、土壤肥料工作总站、农业技术推广服务中心工作。1982 年 8 月任农业部土地管理局副局长，1986 年 8 月任全国土壤肥料总站首任站长（副局级），1993 年开始享受国务院政府特殊津贴，1994 年 12 月首批晋升为国家农业技术推广研究员，1995 年 6 月在农业部全国农业技术推广服务中心退休。

长期从事土壤肥料技术推广、土壤普查、土壤肥料科技管理等工作。特别是参与主持了第二次全国土壤普查工作，他代部草拟关于全国开展土壤普查的报告（含技术工作方案），经国务院以国发 [1979] 111 号文件批转后在全国实施，并参与了从组织试点、成立科技顾问组、修订技术规程和土壤分类方案、野外调查到检查验收、全国汇总等全过程的组织协调工作，在汇总阶段，他任全国汇总编委会副主任，完成了《中国土壤》、《中国土种志》、《中国土壤分类系统》、《中国土壤普查技术》等专著（其中前两种已列为农业领域当代科技重要著作）和中国土壤系列图（16 种 138 幅）的编写与绘制，还建立了全国土壤资源数据库。通过土壤普查，基本查清了全国土壤类型、分布、面积、理化性状、障碍因素、生产性能和土壤肥力，基本查清全国、省、地、县耕地资源的数量和各类土地利用现状，丰富发展了我国土壤肥料科学。同时，通过开展成果应用，还取得巨大的经济社会效益。在土壤普查过程中，他还参加了西藏自治区土地资源调查与利用研究，并获得了西藏自治区科技进步特等奖。

除此之外，他还主持了许多农业技术推广项目。例如，1990 ～ 1994 年组织了 11 个省（自治区）开展有机肥料品质及分布调查研究，基本查清了我国有机肥料资源和品质现状；主持全国重点农业新技术推广项目“科学施肥技术”，协同主持联合国 UNDPCPR/91/123 平衡施肥项目；“中国耕地资源及其开发利用研究”（为第二主持人）、“稻田稻萍鱼综合丰产技术”、“硝酸稀土农用技术”等，其中参加的“我国中低产田分布及粮食增产潜力研究”，获部级科技进步三等奖。

代表性著作

1. 唐近春 . 中国土壤肥料工作的成就与任务 . 土壤学报，1994，31（4）：341-347.
2. 唐近春 . 全国第二次土壤普查与土壤肥料科学的发展 . 土壤学报，1989，26(3)：234-240.
3. 唐近春 . 全国第二次土壤普查与科学施肥 . 见：中国植物营养与肥料学会，加拿大钾磷研究所 . 肥料与农业发展——国际学术讨论会文集 . 北京：中国农业科技出版社，1999.
4. 唐近春 . 试论改土培肥，防治土地退化 . 见：中国科学技术协会工作部 . 中国土地退化防治研究 . 北京：中国科学技术出版社，1990.
5. 唐近春 . 西藏自治区土地资源调查与利用研究 . 见：共和国农业史料征集与研究报告 . 第十三集 .

王运华，男，1935年4月生，江西鄱阳人。学会第四、五、六届理事会常务理事。研究生学历。华中农业大学原副校长，教授，博士生导师，华中农业大学微量元素研究中心原主任。他曾获得“国家有突出贡献的中青年专家”称号，享受国务院颁发的国务院政府特殊津贴。2006年春退休。

长期从事植物营养学教学、科学研究工作。1975年夏在湖北省新洲县（今武汉市新洲区）发现棉花“蕾而不花”现象，研究确定为缺硼症状，主持建立了将土壤有效硼含量、棉株表观形态诊断、棉花生育期、硼肥施肥量和施肥技术等相结合的我国棉花施硼技术体系，在全国推广后，取得了显著的增产效果、经济效益和社会效益。1989年冬他在湖北省新洲县发现冬小麦越冬期叶片黄化死苗，研究确定为缺钼症状，主持建立了将土壤pH、土壤有效钼含量、施氮肥量和低温相结合的我国冬小麦施钼技术体系，改写了原先禾本科作物对缺钼不敏感、无需施钼肥的结论。2006年夏在江西省赣州市诊断纽荷尔脐橙挂果后的叶片黄化现象，确定为缺硼或硼钼复合缺乏症状，研究建立了土壤有效硼、土壤有效钼含量为基础，以纽荷尔脐橙叶片异常症状诊断为依据的赣南纽荷尔脐橙施硼及硼钼配合施用的技术体系。他还领导研究团队系统、深入研究了硼与其他营养元素互作、硼及硼钼配合施用与作物产量和品质形成、植物对硼吸收及硼在植物体内的运输与分配、硼与植物碳代谢、硼与酶和激素、硼与作物营养生长和生殖器官发育及其解剖结构、钼氮营养相互关系、钼碳营养相互关系、钼与叶绿素合成，等等。为节约硼肥资源、充分挖掘作物品种资源优势和潜力，改良作物品种以硼为重点的营养潜力，在1991年主持开展植物营养遗传学研究，已获得甘蓝型油菜硼优质高效的品种资源。主持完成国家、省部级科研项目30多项。主持的研究成果获国家科技进步奖三等奖2项，省部级科技进步奖一等奖2项，二等奖4项，三等奖3项。作为主编、副主编的著作有3部：《硼肥》、《微量元素肥料研究与应用》、《微量元素营养与微肥施用》；参编教材《土壤肥料》1部；发表论文300余篇，其中SCI收录26篇，培养研究生74名。

奚振邦

1936～

奚振邦，男，1936 年 5 月出生于上海市川沙县。学会第六、七届学术顾问。1961 年从北京农业大学毕业后分配至上海农学院任助教，1963 年 7 月，该院被调整撤并，分配至上海市农业科学院土壤肥料研究所工作，1977 年 9 月任副所长，1978 年 4 月任所长（1984 年辞任），1985 年任研究员，1998 年退休。他曾任中国土壤学会理事、常务理事、《土壤学报》编委（1983 ～ 2006），中国水稻研究所学术委员和兼职研究员（1988 ～ 1994），中国农业大学植物营养系客座教授（1998 ～ 2002）。

主要业绩和贡献如下。

1. 倡导和宣传化肥积极作用的先行者

在国内首先从农牧业物质与能量转换循环角度系统阐述化肥在农业生产中的积极作用，并归纳了化肥的积极作用是：增加作物产量，培肥土壤，发挥良种增产潜力，增加有机肥量，发展经济作物、林业和草原的重要物质基础。

2. 碳铵农化性质与肥效评价研究的奠基者

受化工部化肥司委托，与有关单位协作，通过 200 多个不同作物的田间试验和连续 5 年的 ^{15}N 示踪研究，证明只要合理施用，碳铵的肥效与等氮量尿素、硫铵等相当，编写的《碳酸氢铵的科学施用》，在全国发行 4.6 万册，他任顾问的科教电影“碳铵与丰收”发行 400 余份拷贝。

3. 化肥产品农化服务的开拓者

奚振邦作为河北省冀县农化服务中心的顾问，将合理使用化肥的技术与碳铵等化肥产品结合，直接面向农民，指导合理使用，结合向全县发布施肥预报和推广不同作物上的合理施肥技术，有力地促进了当地农业生产的发展，此经验在全国农化服务会议上被重点推广。

4. 发展复合肥料和专用肥料的实践者

在 1971 ～ 1974 年自选复合肥料研究的基础上，积极主张我国发展复肥和专用肥，首先提出“专用复合肥料”（专用肥）的概念与例证。他于 1985 年年初发表的“复合肥料、专用肥料及其在我国当前阶段发展浅见”一文，提出了“从经济作物起步，从中低浓度起步，从专用复肥起步，复肥生产工艺与国内肥源相结合”等论述，受到广泛重视。

5. 结合作物营养特点创新施肥技术的成功探索者

工作前期，他在若干粮食作物和蔬菜上开展吸肥特性，施肥模式和配套专用肥源研究，特别是双季稻的吸肥高峰和吸肥曲线及挥发性氮肥深施技术的研究成果，在上海和国内获得较大面积推广；工作后期他重点研究和推广“烤烟营养特点与双层施肥技术”，成效显著，并应邀在国际烟草科技合作大会（CORESTA）上作论文报告（1995，伦敦）。

他任第一主持人的科研成果共获奖 14 项，包括上海市科技兴农一等奖、上海市科学大会奖、上海市科技进步二等奖、上海市科技推广二等奖、化工部科技成果三等奖、中国烟草总公司科技进步二等奖、商业部科技进步三等奖等。曾被授予上海市先进科技工作者、上海市农牧业科技推广先进工作者、上海市农业科学院建院 30 周年和 50 周年突出贡献奖等荣誉。发表论文 106 篇，出版专著 3 本。

代表性著作

1. 奚振邦 . 现代化学肥料学 . 北京：中国农业出版社，2004.
2. 奚振邦 . 碳酸氢铵的科学施用 . 北京：中国化工出版社，1984.
3. 奚振邦 . 从物质和能量循环看化肥的积极作用 . 土壤肥料，1981，（6）：21-26.
4. 奚振邦，卞以洁，邝安琪，等 . 双季稻的吸肥高峰与挥发性氮肥全层施用法的研究 . 土壤学报，1978，15（2）：113-125.
5. 奚振邦 . 复合肥料、专用肥料及其在我国当前阶段发展浅见 . 土壤，1985，（3）：113-119.

徐茂

1963～

徐茂，男，1963年12月生，江苏兴化人。学会第七届副理事长。博士，二级推广研究员，江苏省耕地质量保护站站长，江苏省“333”跨世纪学术、技术带头人，江苏省“333高层次人才培养工程”第二层次培养对象，2002年12月被评聘为推广研究员，2008年度享受国务院政府特殊津贴，2011年被国务院表彰为全国粮食生产突出贡献科技人员（享受全国劳动模范待遇）。同时被聘任为江苏省人民政府太湖水污染防治与蓝藻治理专家委员会委员、农业部全国测土配方施肥技术专家组成员、国家标准化管理委员会全国土壤质量标准化技术委员会委员、农业部肥料登记评审委员会委员，江苏省土壤学会副理事长，中国土壤学会常务理事等。

他一直从事土壤肥料技术推广工作，主要围绕科学施肥、有机废弃物综合利用、秸秆还田与利用、节水农业技术等方面开展研究与推广。尤其是在测土配方施肥方面创立了科学施肥的数据采集、配方设计和配方区域划分新技术，以无氮区产量及其100kg籽粒吸氮量计算土壤供氮量，从而获取土壤供氮量参数，实现了从采样单元定位、信息查询、主推配方确定、智能化配肥等测土配方施肥全程数字化。先后主持了农业部948项目、丰收计划、江苏省科技支撑、三项工程，以及农业部和省测土配方施肥、补钾工程、商品有机肥料推广应用等重大推广项目20多项，其中“江苏省稻麦测土配方施肥技术推广应用”等 4 项获得省部级一等奖，5 项获得省部级二等奖。发表论文 30 多篇。

代表性著作

1. 徐茂，王绪奎，顾祝军，等 . 江苏省环太湖地区速效磷和速效钾含量时空变化研究 . 中国植物营养与肥料学报，2007，13（6）：983-990.
2. 徐茂，王绪奎，蒋建光，等 . 我省苏南地区耕地利用变化特征及其对策研究 . 土壤，2006，38（6）：825-829.
3. 徐茂，梁永红，沈其荣 . 江苏省农化服务的状况与发展前景 . 土壤，2005，37(4)：388-393.
4. 徐茂，梁永红，殷光德，等 . 江苏省测土配方施肥工作模式与运行机制探讨 . 见：徐茂 . 江苏耕地质量建设 . 江苏：河海大学出版社，2008.
5. 徐茂，王绪奎 . 测土配方施肥“五个一”指导服务模式的理论基础、建立方法与应用成效 . 见：徐茂 . 江苏耕地质量建设 . 江苏：河海大学出版社，2008.

徐能海

1958～

徐能海，男，1958年6月出生，湖北省麻城市人。学会第六届副理事长，第六、七、八届常务理事。1981年12月毕业于华中农业大学（原华中农学院）土壤农业化学专业，大学本科，农学学士。1982年1月至2004年1月，在湖北省土壤肥料工作站工作，历任副站长、站长，1998年晋升为农业技术推广研究员。2004年1月至2005年7月，任湖北省农业厅党组成员、总农艺师。2005年7月至今，任湖北省农业厅党组成员、副厅长。1993年起享受国务院政府特殊津贴，1994年获“国家有突出贡献中青年专家”称号，入选国家跨世纪人才工程、新世纪人才工程的学术带头人，2009年荣获全国粮食生产先进个人（标兵），2007～2009年度获湖北省公务员三等功奖章。

主要工作业绩如下。

（1）参加完成了湖北省第二次土壤普查，负责建立了本省土壤基层分类系统及其数据库；负责编写了《湖北省土种志》，主编了《湖北土系概要》，首次系统、规范地对本省土种进行了分类、命名和描述，综合评价了其生产性能并提出了改良利用措施。同时，参加《中国土种志》、《湖北省分县土壤图集》和《湖北土地资源》的编写。

（2）主持开展了湖北省测土配方施肥技术的研究与应用工作，在国内较先提出测土配方施肥与农业社会化服务相结合的工作思路和技术方法，并积极地付诸实践；作为技术总负责人，参与世界银行贷款湖北土壤改良（测土配方施肥）项目的设计、论证和实施，取得了较好的综合效益，为提高科学施肥水平和创新农技推广方式做了一些探索。

（3）组织开展了有机肥料工厂化处理及有机无机复合肥生产技术的研究与应用工作，在国内较早取得了一套较为成熟的相关技术工艺，并以此协助建设了多家商品有机肥料企业；牵头组织创办了湖北省有机农业协会、湖北省有机生物肥料公司和湖北中化东方肥料公司；作为发起人（董事）之一，参与创建了盐湖钾肥股份公司；参加编写了《中国有机肥料资源》，助推了我国相关新型肥料产业的发展。

（4）2004 年至今负责湖北省种植业工作，参与夺得了全省粮食生产“十连增”，经济作物产业发展“十连快”，种植业在农民家庭经营增收中居“十连冠”。

张福锁

1960～

张福锁，男，1960 年 10 月生，陕西凤翔人。学会第六、七届理事会副理事长。1982 年西北农学院土壤农化系毕业，1985 年在北京农业大学土壤农化系获硕士学位，1989 年在联邦德国 Hohenheim 大学获博士学位。回国后在北京农业大学（现中国农业大学）任教授、植物营养系系主任、资源与环境学院院长，现任中国农业大学资源环境与粮食安全研究中心主任，兼任民盟中央农业委员会副主任和中国农业大学委员会主任、农业部科技委委员、教育部科技委农林学部副主任、全国测土配方施肥技术专家组组长、国家环境特约检察员、北京市人大常委、教育部长江学者特聘教授、国家自然科学基金创新群体和科技部 973 项目首席科学家等职。

主要业绩集中在植物营养与养分管理理论与技术研究方面：发现并证实禾本科植物不仅在缺铁，而且在缺锌条件下能够合成和分泌特异抗性化合物——植物铁载体，改变了国际植物营养学界普遍公认的缺铁专一性反应的机理的观点。进一步发现并证实植物铁载体对土壤养分活化能力的非专一性，改变了那种植物铁载体只活化铁，而不活化其他养分的观点。证实根质外体是植物铁、锌等养分的贮备库。小麦在缺铁或缺锌的条件下，可在根质外体富集和活化所需养分，从而减少土壤颗粒的吸附、根际微生物的破坏和其他环境条件对其适应性的不良影响。这一结果揭示了植物在长期进化过程中形成的适应性机理具有优越的生态学意义。在这些突破的基础上，提出根际微生态系统理论框架，并以此指导农业生产实践。发现黄淮海平原的玉米/花生间作种植体系可改善石灰性土壤上花生的铁营养、提高花生固氮能力和产量；揭示了我国北方干旱半干旱地区小麦/玉米、小麦/大豆和玉米/蚕豆等间作制度，在光、水、肥等资源利用方面的竞争与互惠机理；通过对水旱轮作中小麦营养失调的系统研究，提出了防治小麦缺锰的新技术；通过对东北大豆重、迎茬障碍原因的深入探讨，提出了壮根抑病的技术措施；明确石灰性土壤上水稻旱育秧黄叶病的致病原理，并提出了针对性防治措施；提出防治果树缺铁的根际施肥技术；这些根际调控技术均在生产上取得明显的增产效果。自1996年以来开展了"土壤、植株快速测试推荐施肥技术"的研究和推广工作。建立了新的推荐施肥模型，使氮肥施用量明显下降，但产量和经济效益明显提高；系统开展了养分资源综合管理理论与技术的研究和应用工作，建立了以根层调控为核心的养分资源综合管理新技术，实现了作物高产与环保的协同。针对氮素来源广、转化快、易损失、环境效应大，磷钾移动性小、后效长、根系活化潜力大等特点，创建了氮素实时监控技术和磷钾恒量监控技术，改变了过去难以定量投入产出过程、缺乏对环境效应定量评价的做法，突破了集约化农业高产与环保难以协调的瓶颈；系统揭示了我国化肥施用的增产和环境效应，通过多年多点田间试验证明我国农业可以用更低的资源环境代价实现作物高产的同时保障粮食和环境安全。建立了总量控制分期调控的区域施肥技术和大配方小调整的区域配肥技术，支撑了测土配方施肥、土壤酸化改良和化肥零增长等国家行动；建立了扎根生产一线的"科技小院"新模式，结合国家行动，推动了我国绿色增产和作物生产方式的转变。针对我国小农户经营、技术推广难、研究与应用结合不紧密等突出问题，探索以研究生和青年教师驻扎农村一线、与农民一起开展高产高效技术集成与示范、在生产中做国际水平研究与应用的"科技小院"新模式，推动了生产方式的转变，获国家教学成果二等奖。30多年来，他建立了一系列根际调控和作物高产养分高效利用的管理技术，在全国大面积示范推广，实现了在作物持续增产的同时大幅度减少环境污染，推动了高投入高资源环境代价的农业向高产高效的可持续农业方向转变。

出版专著和译著30余本。发表论文300余篇，培养博士后20多人，博士生160多名，硕士生70名。他于1995年获国家教委科技进步一等奖；

1995年获国家教委科技进步二等奖；1997年获农业部科技进步二等奖；1998年获国家科技进步三等奖；2005年获国家自然科学二等奖；2005年获德国Hohenheim大学杰出成就奖；2007年获国际肥料工业协会国际作物营养奖；2008年获国家科技进步二等奖；同年被丹麦哥本哈根大学聘为名誉教授；2014年获发展中国家科学院农业科学奖，同年被选为欧亚科学院院士。

张维理

1953～

张维理，1953 年 11 月生于北京。学会第六、七届副理事长。于德国哥廷根大学农业化学研究所获博士学位，在荷兰瓦格宁根大学土壤与植物营养系完成博士后研究，1991 年归国后在中国农业科学院土壤肥料研究所（现更名为农业资源与农业区划研究所）从事土壤与植物营养研究工作，历任副研究员、研究员、研究室主任、副所长。获省部级科技进步奖 5 项，被评为国务院有突出贡献中青年专家、全国优秀留学归国人员成就奖章、全国巾帼建功奖章、“十一五”国家科技计划工作先进个人奖、中国土壤学会奖。

她的主要研究领域集中于农业面源污染防治与全国 1 ∶ 5 万比例尺土壤图编撰两个方面。在农业面源污染防治领域，首次以确凿的实验数据证实我国北方集约化农区氮肥过量施用已造成严重的地下水硝酸盐污染，明确提出造成我国重要流域水体富营养化加剧的三大驱动因素。有关研究报告曾 6 次得到国务院领导批示，对促进我国农业和农村面源污染防治产生积极作用。相关论文单篇 SCI 他引 150 次，CSCD 他引 281 次，两次被中国科学技术信息研究所评为“中国百篇最具影响国内学术论文”，并被《植物营养与肥料学报》列为该学报建刊来被引频次最高论文。自 2006 年以来主要从事全国 1 ∶ 5 万大比例尺土壤图籍编撰与高精度数字土壤构建。

这是我国目前最详尽的土壤质量科学记载，能以 1hm^2 为基本单元，提供 100 多项土壤质量信息，可广泛用于科学施肥、面源污染防控、气候变化、耕地保育等领域。为完成这项工程，带领参加项目的全国十余家土壤专业研究机构，创建了土壤大数据抽提与表达方法，实现了人机交互式、智能化、流程化的土壤海量空间信息抽提、分类、集成与表达，目前已完成覆盖全国 2/3 地区的高精度数字土壤建设，并为全国 20 多个省和多个部门提供了土壤科学数据。项目组获“十一五”国家科技计划执行优秀团队奖。

代表性著作

1. 张维理，田哲旭，张宁，等 . 我国北方农用氮肥造成地下水硝酸盐污染的调查 . 植物营养与肥料学报，1995，（2）：80-87.
2. Zhang W L，Tian Z X，Zhang N，et al. Nitrate pollution of ground water in North China. Agriculture Ecosystems & Environment，1996，（59）：223-231.
3. 张维理，武淑霞，冀宏杰，等 . 中国农业面源污染形势估计及控制对策 . 中国农业科学，2004，37（7）：1008-1033.
4. 张维理 . 海量空间数据提取、整合与制图表达方法概要 . 中国农业科学，2014，47（16）：3231-3249.

白由路

1961～

白由路，男，汉族，中共党员，1961年11月23日出生，河南温县人。学会第七届理事会秘书长。中国农业科学院农业资源与农业区划研究所研究员，博士生导师。现任中国植物营养与肥料学会理事长、《植物营养与肥料学报》主编、植物营养研究室主任、中国农业科学院国家测土施肥中心实验室主任、农业部植物营养与肥料重点综合实验室常务副主任、农业部测土配方施肥技术专家组专家、北京市土壤学会常务理事、北京市土壤学会肥料与施肥技术专业委员会主任、中国氮肥工业协会理事、中国磷复肥工业协会理事、全国专业标准化技术委员会委员，另担任《中国农业科学》、《中国土壤与肥料》、《农业网络信息》等杂志编委等。

曾主持“河南省引黄灌区农业高产高效配套技术研究”、“黄河小浪底水利枢纽温孟滩移民安置区土壤特性与改土指标的研究”、“黄河小浪底水利枢纽移民安置区农业扶持与发展研究”，主要参加国家973项目“土壤质量演变规律与可持续发展研究”和“精准农业技术体系研究”等项目。“十五”期间主要负责国家863项目“农田信息采集技术研究”、上海市农业委员会重点科技兴农项目“精准农业的研究”、国际合作项目“基于3S技术的土壤养分精准管理研究”等。主要研究方向为3S技术在土壤养分管理中的应用等。“十一五”期间主持国家科技支撑计划项目“高效施肥

关键技术研究与示范”。

曾获河南省科技进步二等奖1项、星火科技三等奖2项、河南省教委科技进步一等奖1项、二等奖2项。主编有《测土施肥原理与技术》、《微机操作精解》、《精准农业与土壤养分管理》、《高效土壤养分测试技术与设备》、《测土配方施原理与实践》、《地理信息系统及其在土壤养分管理中的应用》等著作10部。获得专利15项、撰写研究论文100多篇。